高等职业教育电子信息类专业系列教材

实践导向型高职教育系列教材

高频电子线路

主　编　潘春月
副主编　陈荷荷
参　编　胡文飞　颜晓河　焦龙超

机械工业出版社

本书是电子信息工程技术专业、应用电子技术专业、通信技术专业及其他相关专业的高频电子线路课程的通用教材，主要介绍小信号选频放大器、高频振荡器、高频功率放大器、振幅调制与解调电路、混频电路、角度调制与解调电路、数字调制与解调电路、反馈控制电路等相关高频电子线路。

依据高职学生的认知特点，本书尽量弱化理论推导与分析，在每个章节后增加仿真实验，帮助学生巩固理论知识，弥补实验场地、设备限制所带来的不便。在本书最后一章，用一个综合实践项目将全书大部分知识点和技能点贯穿起来，培养学生的综合实践能力。

本书可作为高职高专相关专业教材，对从事电子技术相关领域的工程技术人员也有一定的参考价值。

为方便教学，本书有电子课件、习题答案、模拟试卷及答案等，凡选用本书作为授课教材的老师，均可通过电话（010-88379564）或 QQ（2314073523）咨询，有任何技术问题也可通过以上方式联系。

图书在版编目（CIP）数据

高频电子线路/潘春月主编 . —北京：机械工业出版社，2018.11
（2024.1 重印）
高等职业教育电子信息类专业系列教材
ISBN 978-7-111-61084-7

Ⅰ. ①高…　Ⅱ. ①潘…　Ⅲ. ①高频-电子电路-高等职业教育-教材
Ⅳ. ①TN710. 6

中国版本图书馆 CIP 数据核字（2018）第 230909 号

机械工业出版社（北京市百万庄大街22 号　邮政编码100037）
策划编辑：曲世海　责任编辑：曲世海　韩　静
责任校对：潘　蕊　封面设计：陈　沛
责任印制：单爱军
北京虎彩文化传播有限公司印刷
2024 年1 月第1 版第5 次印刷
184mm×260mm · 12 印张 · 293 千字
标准书号：ISBN 978-7-111-61084-7
定价：39. 80 元

电话服务　　　　　　　网络服务
客服电话：010-88361066　机　工　官　网：www.cmpbook.com
　　　　　010-88379833　机　工　官　博：weibo.com/cmp1952
　　　　　010-68326294　金　书　网：www.golden-book.com
封底无防伪标均为盗版　机工教育服务网：www.cmpedu.com

前　言

本书根据温州职业技术学院"实践导向型"教材编写要求及专业教学改革的需求进行编写。

高频电子线路课程是一门实践性很强、覆盖面很广的专业基础课程，本书主要针对高职高专电子信息类专业编写。由于高职教育学制短，学生基础相对较弱，本书的编写原则是：从高职教育实际教学情况出发，结合企业对岗位知识结构的要求，突出学生实践能力的培养。

全书共分10章，第1章为绪论，第2章介绍了小信号选频放大器，第3章介绍了高频振荡器，第4章介绍了高频功率放大器，第5章介绍了振幅调制电路，第6章介绍了振幅解调与混频电路，第7章介绍了角度调制与解调电路，第8章介绍了数字调制与解调电路，第9章介绍了反馈控制电路，第10章为综合实训项目教学案例。

为了便于阅读和理解，本书仿真图中的符号均采用与Multisim仿真软件中一致的形式，不再按符号标准进行修改。

本书由潘春月主编，其中第1章由胡文飞编写，第8章由陈荷荷编写，第10章由颜晓河、焦龙超编写，其余章节由潘春月编写。浙江申瓯通信设备有限公司的焦龙超工程师根据企业岗位需求，为本书的编写提出了中肯的建议，在此表示感谢。全书由潘春月统稿、定稿。

由于编者水平有限，书中难免存在错误和不妥之处，恳请读者批评指正。

编　者

目　录

第1章

绪　　论

1.1　通信与通信系统

1. 通信的基本概念

通信指发送者与接收者之间的信息传递。信息具有不同的形式，例如语言、文字、数据和图像等。通信中信息的传送是通过信号来进行的，如烽火台的狼烟信号、红绿灯信号、电压和电流信号等。信号是信息的载体，在各种各样的通信方式中，利用"电信号"来承载信息的通信方式称为电通信，这种通信具有迅速、准确、可靠的特点，而且几乎不受时间和空间的限制，因而得到了飞速的发展和广泛的应用。

2. 通信系统的基本组成

以点对点通信系统为例，通信系统的组成如图 1-1 所示。

信源是信息的来源，输入变换器的作用是将信源输入的信息（例如语言、文字、音乐、图像、电码等）变换成电信号，该信号称为基带信号。不同的信源需要不同的变换器，例如送话器、摄像机、电话机等，送话器可将原始语音信号（20Hz～20kHz）转换成电信号。

图 1-1　通信系统的基本组成

发送设备用来将基带信号进行处理并以足够的功率送入信道，以实现信号有效的传输。其中最主要的处理为调制，发送设备的输出信号为已调信号。

信道是信号传输的通道，又称传输媒介，大体分为无线信道和有线信道两大类。无线信道包括地球表面、地下、水下、地球大气层及宇宙空间；有线信道包括架空明线、同轴电缆、光缆等。不同的信道有不同的传输特性，相同的媒介对不同频率的信号传输特性也是不相同的。

接收设备及输出变换器和发送设备及输入变换器作用相反。信道传送过来的已调信号由接收设备取出并进行处理，得到与发送设备相对应的基带信号（这个过程称为解调）。该基带信号经输出变换器即可复原成原来形式的信息。

通信系统的种类很多，按传输的信息的种类分为电话、传真和数据等通信系统；按所传输的基带信号不同，可分为模拟通信系统和数字通信系统；按信道不同分为有线通信系统和无线通信系统。

3. 模拟与数字通信系统

(1) 模拟通信系统

信道中传输模拟信号的系统称为模拟通信系统，模拟通信系统的组成可由图 1-1 略加改变而成，如图 1-2 所示。

在模拟通信系统中，主要有两种转换：将原始信息转换成连续变化的电信号（由发送端信号源完成）和将电信号恢复成最初的连续信号（由接收端终端装置完成）。由于信号源输出的电信号频

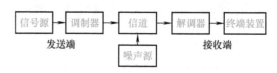

图 1-2 模拟通信系统的基本组成

率较低，不能直接送到信道中去，故需要进行转换，这一转换由调制器完成，即用待传送的信号（又称调制信号）去控制高频振荡信号（载波）的某一参量，经过调制后的信号称为已调信号。无线通信系统中常用的已调信号有调幅、调频和调相信号。同样，在接收端也要经过相反的转换，这一转换由解调器完成。已调波信号有三个基本特点：一是携带信息；二是适合在信道中传输；三是频谱具有一定带宽，且中心频率远离零频。

从信息的发送到信息的恢复，在模拟通信系统中还需要经过滤波、放大、高频功放、天线辐射与接收、变频、中频放大、自动增益控制（AGC）和低频功放等环节。本书主要介绍模拟通信系统的主要单元电路，简要介绍数字调制与解调技术。

(2) 数字通信系统

信道中传输数字信号的系统称为数字通信系统，数字通信系统的组成如图 1-3 所示。**数字通信的基本特征是：它的信号具有"离散"或"数字"的特性，从而使数字通信在实现时遇到许多独特的问题。**

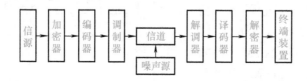

图 1-3 数字通信系统的基本组成

第一，数字信号传输时，信道噪声或干扰所造成的差错原则上是可以控制的，即通过差错控制编码来实现，因此，要在发送端增加一个编码器，而在接收端相应地需要一个译码器。

第二，当需要实现保密通信时，可对数字信号进行"加密"，相应地在接收端就需要进行"解密"。

第三，由于数字通信传输的是按一定节拍传送的数字信号，故接收端必须有一个与发送端相同的节拍，否则就会因收发步调不一致而造成混乱，这就是数字通信中的"同步"。

需要说明，图 1-3 中调制器/解调器、加密器/解密器、编码器/译码器等环节，在具体通信系统中是否全部采用，取决于设计要求和条件。但在一个通信系统中，如果发送端有调制/加密/编码，则接收端必须有解调/解密/译码。

数字通信的主要优点有：抗干扰能力强，差错可控，易于加密及便于与现代电子技术、计算机技术相结合。因此，数字通信在今后的通信方式中将占主导地位。

1.2 无线电发送与接收设备

发送设备和接收设备是通信系统中的核心部分，不同的通信系统，其发送设备和接收设备的组成不尽相同，但基本结构相似。下面以无线电调幅广播系统（模拟通信系统）为例，介绍发送设备与接收设备各部分的组成。

1.2.1 无线电发送设备

无线电发送设备由载波产生电路、调制信号产生电路、幅度调制器、高频功率放大器组成，具体包括高频振荡器、高频放大器及倍频器、低频放大器、幅度调制器和高频功率放大器等，如图 1-4 所示。下面对各部分的作用进行介绍。

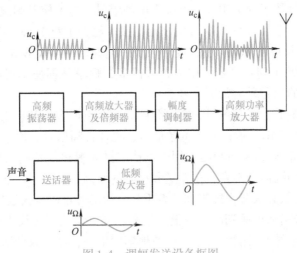

图 1-4 调幅发送设备框图

1. 载波产生电路

载波产生电路由高频振荡器、高频放大器及倍频器组成，它的功能是产生高频大功率的正弦波信号。高频振荡器又称主振器，其主要功能是产生波形纯正、频率稳定的高频正弦波信号。为提高正弦波的频率稳定度，主振器一般用石英晶体振荡器。

高稳定度的石英晶体振荡器的振荡频率并不高，因此石英晶体振荡器所产生的正弦波频率往往达不到所要求的载频，故必须对主振器产生的高频正弦波进行放大和倍频，使正弦波信号的幅度增大、频率成倍增加，以满足发送设备对载波的要求。

2. 调制信号产生电路

调制信号产生电路由送话器和低频放大器组成。送话器的功能是将声音转换成音频（低频）信号；由于送话器输出的音频信号很微弱（一般为毫伏级），远不能满足振幅调制器对调制信号幅度的要求，为此，在送话器与调制器之间增加一级或多级低频信号放大器，将调制信号放大到调制器所需要的电平。

3. 幅度调制器

幅度调制器的功能是将调制信号"装载"到载波的幅度上，使高频正弦波信号的幅度跟随调制信号的变化规律而变化。幅度调制的基本原理将在后续内容中详细介绍。经调制后携带音频电信号的高频波称为已调波。需要说明的是，将调制信号"装载"到载波的幅度上的调制方式称为调幅（AM），将调制信号"装载"到载波的频率上的调制方式称为调频（FM），将调制信号"装载"到载波的相位上的调制方式称为调相（PM）。

如果音频信号为具有一定频带的信号，例如 50Hz ~ 4.5kHz，已调波的频带宽度将等于两倍的最高调制信号频率，即带宽 $BW = 2 \times 4.5\text{kHz} = 9\text{kHz}$，这就是我国无线电广播中波波段一个电台所占用的频带宽度。

采用调制发射方式的原因：无线电通信是将已调信号馈送到天线上，交变的信号在天线四周激起以光速向远处传播的电磁波，这称为电波辐射。为了使已调波通过天线有效地辐射出去，已调信号的载波波长应与天线的尺寸相比拟。比如 1000MHz 的手机信号，其波长为 0.3m，所以手机天线长度有 10cm 左右就可以了。而对于 1000kHz 的中波信号，其波长为 300m，天线长度就需几十到一百米。比中频低很多的频率是不易辐射的，通常把能有效辐射的几百千赫兹以上的信号称为射频信号。

调制信号多为复杂的非正弦信号，它可分解为一个由许多正弦量组成的频带。例如声音信号的频带为 20Hz ~ 20kHz，这是一个低频信号，也称音频信号。用于无线电广播的音频信号（调制信号）的频带为 50 ~ 4500Hz；用于电视广播的视频信号的频带为 0 ~ 6MHz。现以视频信号为例来说明调制信号不宜直接发送和接收的原因：

1）视频信号中的低频成分，即零到几百千赫兹的信号难以从天线有效地辐射出去。

2）因视频信号包括从低频到高频的很宽频率范围，馈送到天线上时，低频和高频辐射效果不同，整个视频信号不可能均匀地、有效地辐射出去；而接收到这样的信号也不可能通过解调恢复成原视频信号。

3）即使不考虑上述两个因素，假设视频信号能从天线辐射出去，可是一个地区不可能只有一个频道的电视节目，当数个电视节目在 0 ~ 6MHz 频率范围内向空中辐射电磁波时，接收端无法把它们分开，只能全部接收，混在一起，这样就会相互干扰而无法正常收看电视节目。

上述三个原因使通过直接发送音频或视频信号（调制信号）来实现无线电通信几乎不可能完成，利用调制技术将音频或视频信号调制到高频载波上，则可以实现有效辐射。另外，将不同的调制信号调制到不同的载波上可以实现"多路复用"，不同的载波被接收端接收，通过解调技术可以恢复这个载波所携带的音频或视频信号。例如，无线广播的中波波段（即 AM 波段）频率范围为 535 ~ 1605kHz，该波段传送的音频信号频率范围为 50 ~ 4500Hz，则在同一地区此波段内最多可以容纳的广播电台数目可计算如下：

每个调幅广播电台所占带宽为 $2 \times 4500\text{Hz} = 9000\text{Hz} = 9\text{kHz}$

同时工作的电台数为 $\dfrac{1605 - 535}{9} = 118.9$，这里取 118

综上所述，采用调制发射方式的原因是：无线电波通过天线有效辐射的条件和"多路复用"的需要。

4. 高频功率放大器

由于幅度调制电路输出的功率不大，通常要对其输出的调幅信号进行功率放大，以增大射频信号的覆盖率，即增大发射设备的作用距离，使接收机在覆盖范围内能有效地接收信号。

1.2.2 无线电接收设备

无论是无线电广播接收机、电视接收机、通信接收机还是雷达接收机，现今都毫无例外地采用超外差式接收机的形式。各类接收机的组成与工作原理基本相似，下面以超外差式收音机为例，对其工作原理做简要分析。超外差式调幅接收设备的组成如图 1-5 所示。调幅接收设备由高频放大器、本地振荡器、混频器、中频放大器、检波器和低频放大器等部分组成。

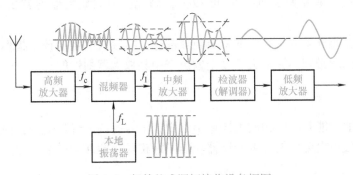

图 1-5　超外差式调幅接收设备框图

1. 高频放大器

高频放大器的主要任务有两个：一是从接收到的众多电台中选择出一个所需要的电台信号；二是对所选中的信号进行放大。也就是说，高频放大器是选频放大器，放大器的谐振频率调谐于该电台的载频上，选出这个电台的已调信号，并加以放大。

为降低整机的噪声，提高整机的灵敏度，高频管应尽量选用低噪声的放大管，高频放大器的选频功能应尽可能好，这类放大器的负载回路一般为 LC 谐振电路，常称这类放大器为小信号选频放大器。

2. 本地振荡器

本地振荡器又称本振电路，它的功能是为混频器提供高频正弦波信号，以便与接收到的载波信号混频。本振电路常采用互感耦合振荡器或三点式振荡器。

3. 混频器

混频器是超外差式接收机的重要组成部分。混频器的功能是将载波信号与本振信号进行非线性变换，使之变成中频的调幅信号输出。

若输入混频器的已调信号载波频率用f_c表示，本振信号频率用f_L表示，而混频器输出的中频调幅波的频率用f_I表示，则$f_I = f_L - f_c$。

已调信号的载频f_c是随不同广播电台而异的。例如，广播电台1的载频为1200kHz，而广播电台2的载频为837kHz。无论收音机收听1台节目还是2台节目，混频器输出的中频信号的频率都是不变的，即中频465kHz，这是超外差式接收机的主要特点。

既然超外差式接收机的中频频率465kHz不会因接收不同电台信号而改变，那么本振信号频率就应随不同电台而改变。如接收1台信号，本振信号频率应为1665kHz；而接收2台信号，本振信号频率就应变为1302kHz。可见，高频放大器的输入回路谐振频率应与本振频率保持同步变化，以保持中频频率不变。

4. 中频放大器

中频放大器的功能是将混频器输出的中频信号进行放大，为检波器提供峰-峰值约为1V的调幅波信号。由于混频器输出的中频信号通常为毫伏（mV）级甚至更小，故收音机中频放大器的电压增益一般需要在60~80dB以上，因此，中频放大器通常由多级调谐放大器组成。

中频放大器是超外差式接收机的重要组成部分。接收机的主要技术指标，如灵敏度、信噪比、选择性和通频带等，在很大程度上取决于中频放大器的性能。

5. 检波器

检波器的主要功能是将中频放大器输出的中频信号解调成音频信号，由此可见，接收设备中的检波器与发射设备中的幅度调制器功能刚好相反，即互为逆变换。

6. 低频放大器

低频放大器的功能是将检波器输出的音频信号进行功率放大，使之具有足够的功率以推动扬声器发声。

1.2.3 天线的作用、分类和介绍

1. 天线的作用与分类

天线是发射机终端和接收机前端的重要器件。无线电通信系统信息的发射和接收都是通过天线实现的。发射天线的任务是将发射机输出的高频电流能量转换成电磁波辐射出去；接收天线是发射天线作用的逆过程，其作用是将空间电磁波信号转换成高频电流能量送给接收机。同一天线既可用于发射也可用于接收，其性能是相同的。

天线的主要特性指标有输入阻抗、方向性、增益和效率。性能良好的天线可以改善系统的信噪比、降低比特率、提高辐射功率等。

无线电通信系统的多样性使得天线种类多种多样。按用途不同，天线可分为通信天线、雷达天线、导航天线和测向天线；按工作波长不同，天线可分为长波天线、中波天线、短波天线、超短波天线和微波天线。按其结构不同，通常将天线分成两大类：一类是由导线或金属棒构成的线天线，主要用于长波、短波和超短波；另一类是由金属面或介质面构成的面天线，主要用于微波波段。随着现代通信技术的迅速发展，天线也各具特色。

2. 常用天线介绍

（1）中长波通信天线　我国中小功率中波广播发射台站中，常用的发射天线是斜拉线顶负荷的单塔天线。小功率单塔天线如图 1-6 所示，中间直立的为单塔天线，由多节圆钢焊接而成，每节 4m 或 4.5m，竖立在绝缘底座上。单塔天线用 12 根拉线从三个不同方向（各相隔 120°）加以固定，射频信号通过馈线输入，天线高度约为 76m。

（2）短波通信天线　短波段无线电波的频率在 3～30MHz 之间，常用的天线有水平对称振子天线、笼形振子短波天线和 V 形对称振子天线等。图 1-7 所示为水平对称振子天线示意图。天线的两臂可用单股或多股铜线做成，长度为 l，一般为 3～6m。两臂之间用高频瓷材料的绝缘子相连，天线两端也通

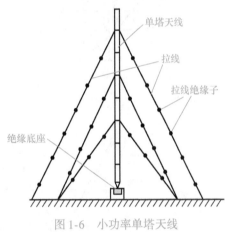

图 1-6　小功率单塔天线

过绝缘子与支架相连。无线电信号通过双馈线从中间输入。水平对称振子天线宜作为 300km 范围内短波通信天线使用。

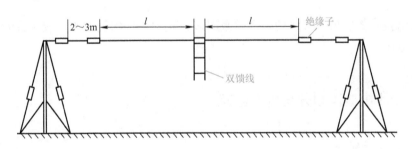

图 1-7　水平对称振子天线示意图

为了提高输出功率、改善输入阻抗特性、拓展带宽，可加粗振子直径，即将 6～8 根导线排成圆柱形类似两个笼子作为振子的两臂，图 1-8 所示就是笼形振子短波天线。

（3）电视及调频广播天线　电视所用的 1～12 频道为甚高频（VHF），其频率为 48.5～

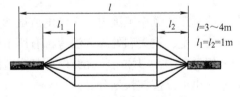

图 1-8　笼形振子短波天线

223MHz；13～68 频道为特高频（UHF），其频率为 470～958MHz。由于电波主要以空间波的形式传播，所以，天线要架设在高大建筑物顶端或专用的电视塔上。常用天线有旋转场天

线、蝙蝠翼天线、环形天线、引向天线等。图 1-9 所示为旋转蝙蝠翼天线，图 1-10 所示为引向天线，图 1-11 所示为羊角拉杆天线和环形天线。

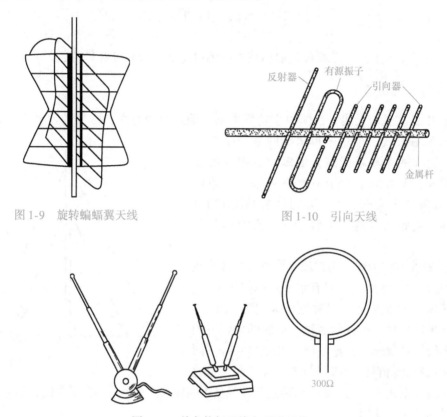

图 1-9　旋转蝙蝠翼天线　　　　　　图 1-10　引向天线

图 1-11　羊角拉杆天线和环形天线

随着通信技术的发展，天线的种类越来越多，其中手机内置的源天线、智能化天线等得到了广泛的应用。

1.3　无线电波段划分与传播途径

1. 无线电波段划分

频率从几十千赫至几万兆赫的电磁波都属于无线电波（指载波频率范围为 $10^4 \sim 10^{10}\,\mathrm{Hz}$）。在如此宽广的频率范围内，无线电波虽然具有许多共同的特点，但是随着频率的升高，高频振荡的产生、放大和处理方法等都有所不同，特别是无线电波的传播特点不尽相同。为了便于分析和应用，习惯上将无线电的频率范围划分为若干个频段，也叫作波段。它可以按频率划分，也可以按波长划分。

无线电波在空间传播的速度是每秒 30 万 km。电波在一个振荡周期 T 内的传播距离叫作波长，用符号 λ 表示。波长 λ、频率 f 和电波传播速度 c 的关系可用式（1-1）表示：

$$\lambda = cT = \frac{c}{f} \tag{1-1}$$

式中，波长λ的单位为米（m）；频率 f 的单位为赫兹（Hz）；c 为电磁波在自由空间中的传播速度，$c = 3 \times 10^8 \text{m/s}$。式(1-1)是电磁波的一个基本关系式。

表1-1列出了通信中使用的频段及其频率范围、波长和主要用途。米波和分米波有时合称为超短波，波长小于30cm的又称为微波。

表1-1　通信频段及主要用途

频段名称	频率范围	用途
甚低频 VLF	3～30kHz	音频、电话、数据终端、长距离导航、时标
低频 LF	30～300kHz	导航、信标、电力线通信
中频 MF	300kHz～3MHz	调幅广播、移动陆地通信、业余无线电
高频 HF	3～30MHz	移动无线电话、短波广播、定点军用通信、业余无线电
甚高频 VHF	30～300MHz	电视、调频广播、空中管制、车辆通信、导航、集群通信
特高频 UHF	300MHz～3GHz	电视、空间遥测、雷达导航、点对点通信、移动通信
超高频 SHF	3～30GHz	微波接力、卫星和空间通信、雷达
极高频 EHF	30～300GHz	雷达、微波接力、射电天文学

上述各波段的划分是相对的，波段之间并没有明显的分界线。此外还有其他的划分方法，如中波调幅广播 AM 波段为 535～1605kHz，调频广播 FM 波段为 88～108MHz，这是按应用范围来划分波段，其他划分方法就不一一列举了。

2. 无线电波的传播途径

当无线电波（又称电磁波）自波源（天线）发出后，要经过各种可能的途径到达接收天线，几种主要的传播途径如图 1-12 所示，它们分别为空间波传播、地波传播和天波传播。

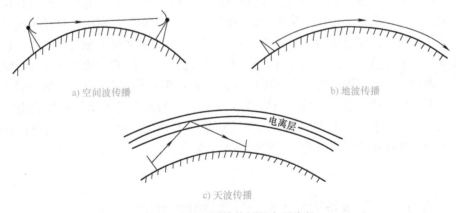

a) 空间波传播　　　　　　　　　　　　　b) 地波传播

c) 天波传播

图 1-12　电磁波传播的主要途径

空间波传播又称视距传播，如图 1-12a 所示。在可视距离以内由发射端直接传送到接收端的电磁波称为直射波，而通过地面或四周物体反射到达接收端的电磁波称为反射波。直射波和反射波统称为空间波。由于这种传播方式需要架设高度至少在一个波长以上的天线，这在长、中、短波波段内是困难的。

电视、微波中继通信、卫星通信及测速定位雷达的电磁波属于视距传播。空间波能够直线传播，从发射天线发出的电磁波沿直线传播到接收天线，如果接收天线放到卫星上，则通信距离可以大大增加，微波中继通信就是通过中继卫星转发信号来进行通信的。

由于地球表面是一个曲面，如果天线高度不够，电波传播时会受到地面的阻挡，发射和接收天线越高，能够进行通信的距离也越远。理论计算和实验表明：当发射和接收天线各为50m时，视距传播的通信距离约为50km。因此，只有在超短波波段才能采用空间波的传播方式。

地波传播又称表面波传播，如图1-12b所示，即电磁波沿地球表面绕射的传播。电磁波沿地球表面传播时，将有一部分能量被消耗掉。波长越长，损耗越小。长波沿地面绕射传播的本领最强。

白天的中波广播就是靠地波传播。由于地面的电性能在较短时间内的变化不会很大，所以，地波传播比较稳定。晚上，电离层对中波的作用减小，这时中波可借天空波传播到较远的地方，例如某些位于远处的电台，白天听不到，晚间却听得很清楚。

利用电离层的反射和折射传播的电磁波称为天空波，又称天波，如图1-12c所示。我们知道，地球被一层厚厚的大气层包裹着，受到太阳光照射时，大气层上部的气体将发生电离，产生自由电子和离子，这部分大气层叫作电离层。电离层中自由电子和离子的密度与高度有关。对电磁波传播有明显作用的电离层有两层：一层叫E层，距离地面100~130km；另一层叫F层，距离地面200~400km。电离层的高度以及自由电子和离子的密度与太阳有密切关系，受太阳活动变化的影响，电离层无时无刻不在变化。

当电磁波遇到电离层时，电磁波会被反射与折射，同时也有一部分被电离层吸收。电离层的电离程度越大，对电磁波的反射、折射和吸收作用就越强；此外，波长较长的无线电波容易从电离层反射回到地面，而波长较短的无线电波比较容易穿过电离层E传播到电离层F，然后返回地面。

长波在低电离层（如E层）中受到较强的反射作用。从地面天线辐射出去的长波，受到电离层的反射作用而折回地面，又将受到地面的反射作用折回电离层。这样多次反射与折射，可以使长波传播到很远的地方。长波波段主要用于导航和播送标准时间信号，也用于长距离无线电报。短波从高电离层（如F层）反射回地面，又受到地面的反射而射向天空，向前传播。由此可见，短波的传播距离可以很远，几乎可达到地球的每个角落。因此，短波传播是国际无线电广播的主要手段。但短波（天空波）的传播受电离层的影响很大，而电离层的物理特性又是经常变化的，所以短波的传播很不稳定，通常在两点间进行短波通信时，接收到的信号往往会突然减弱，有时甚至无法接收。

1.4　非线性电子电路的基本概念及本课程的特点

非线性电子电路在无线电发送与接收设备中具有重要作用，主要用来对输入信号进行处理，以便产生特定波形与频谱的输出信号。一般说来，它与原输入信号波形、频谱不同。随着科学技术的发展，它们也越来越多地被其他各种电子设备所采用。为了使读者对非线性电子电路的工作原理有一个基本认识，下面先对非线性电路的基本特性进行讨论。

1. 线性与非线性电路

全部由线性或处于线性工作状态的元器件组成的电路称为线性电路，电路中只要含有一个元器件是非线性的或处于非线性工作状态的，则称为非线性电路。非线性元器件与线性元器件的主要差别在于其工作特性是非线性的，它的参数不是一个常数，且其值与外加电压或通过的电流大小有关。各种二极管、晶体管等电子器件都是非线性器件，而常见的电阻、平板电容和空心电感线圈等都是线性器件。

图 1-13 给出了线性器件和非线性器件的伏安特性曲线，由图 1-13a 可见，线性器件的伏安特性是一条通过坐标原点的直线，即流过器件的电流 i 与加在器件两端的电压 u 成正比，所以它的特性可用斜率 $G = I/U$（电导）或它的倒数 R（电阻）来表示，其值为常数。由图 1-13b 可见，非线性器件的伏安特性曲线是非线性的，即通过非线性器件的电流 i 与加在其上的电压 u 不成正比，它所呈现的电导值与外加电压或通过电流的大小有关。对于非线性器件还必须引入一些其他参数（例如交流电导 $g = \Delta i/\Delta u$ 等），才能比较完整地反映它的特性。

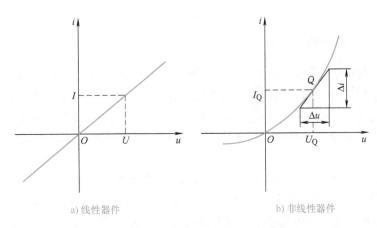

a) 线性器件 b) 非线性器件

图 1-13 线性与非线性器件的伏安特性曲线

2. 非线性电路的基本特点

如果在非线性电阻器件两端加上直流工作点电压 U_Q 和幅度较大的正弦交流电压 u_1，则通过该器件的电流 i_1 波形为一非正弦波，如图 1-14 所示。用傅里叶级数可将 i_1 分解为直流、基波和各次谐波分量，可见输出电流中出现了原有信号中没有的频率分量，即非线性器件可产生新的频率分量。如果作用于非线性器件上的交流电压很小，则电压、电流的波形如图 1-14 中 u_2、i_2 所示，接近于正弦波，这就是说，当作用信号很小、工作点取得适当时，对信号而言，非线性器件近似处于线性工作状态，可当作线性器件。例如，二极管、晶体管在小信号作用下，在直流工作点 Q 处可近似作为线性器件，线性电子电路的分析正是以这点为基础的。

非线性电路有以下基本特点：

1）非线性电路能够产生新的频率分量，具有频率变换作用。

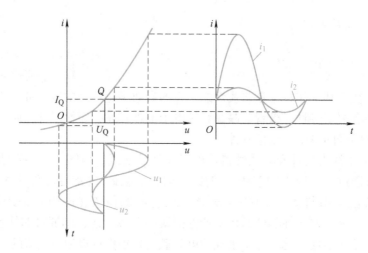

图 1-14　非线性器件在不同正弦电压作用下的电流波形

2）非线性电路分析时不适用叠加定理。

3）当作用信号很小、工作点取得适当时，非线性电路可近似按线性电路进行分析。

3. 本课程的主要内容及特点

本课程的主要内容是研究通信系统中共用的基本单元电路的工作原理、特点及常用电路，包括高频小信号放大器、高频功率放大器、正弦波振荡器、调制与解调电路、混频电路以及反馈控制电路等。除了高频小信号放大电路和满足一定条件下的反馈控制电路可以看成是线性电路，并采用线性电路的分析方法进行处理外，其他绝大多数功能电路都属于非线性电路。

本课程是一门实践性很强的课程。由于高频电子线路的工作频率较高，受元器件和引线分布参数及各种高频干扰影响较大，因此制作和调试电路时比较困难。采用计算机辅助设计（CAD）的方法可以对各种功能电路进行近似仿真分析和设计，本书每个项目中的技能训练就是关于高频电子单元电路 Multisim 仿真与测试的。此外，目前类似的其他仿真软件也较多，如 ADS（Advanced Design System）、PSpice 等，读者可以参考有关资料。

1.5　仿真实训——Multisim 仿真基础

Multisim 是近年比较流行的仿真软件之一，它在计算机上虚拟出一个元器件和设备齐全的硬件工作台，通过仿真实验加深学生对电路结构、原理的认识与理解，训练学生熟练地使用仪器，学会正确的测量方法。由于 Multisim 软件是基于 Windows 操作环境，具有"所见即所得"的特点，对于所用到的元器件、仪器等，只要用鼠标单击，就可以随时调取出来，然后通过完成参数设置，组建电路，就可以启动运行、分析测试了。本书利用 Multisim 仿真软件对各章相关电路进行仿真实验和性能测试，注意软件仿真只能加深对电路原理的认识与理解，实际中还要考虑元器件的非理想化、引线及分布参数的影响。

1.5.1 虚拟电路的创建

1. 元件操作

1）元件的选用：选择"Place"→"Component"选项，移动光标到需要的元件图标上，选中元件，单击"确定"按钮，将元件拖拽到工作区。

2）元件的移动：选中元件后用鼠标拖拽或按←、↑、→、↓键确定位置。

3）元件的旋转：选中元件后，按<Ctrl+R>组合键则顺时针旋转，按<Ctrl+Shift+R>组合键则逆时针旋转。

4）元件的复制：选中元件后执行"Edit"→"Copy"命令，再执行"Edit"→"Paste"命令。

5）元件的删除：选中后按<Delete>键。

6）元件参数的设置：在"元件的选用"中就要确定好元件参数，Multisim软件中元件的型号是美国、欧洲、日本等常用的型号，注意同我国元件型号的互换关系及频率的适应范围。

2. 导线的操作

1）连接：用鼠标指向一个元件的端点，出现十字小圆点，单击鼠标左键并拖拽导线到另一个元件的端点，出现小红点后再次单击鼠标左键。

2）删除导线：将鼠标箭头指向要选中的导线，单击鼠标左键，这时导线周围出现多个小方块，按下<Delete>键就可以将选中的导线删除。

1.5.2 虚拟仪器的使用

1. Multisim界面主窗口

Multisim界面主窗口如图1-15所示。

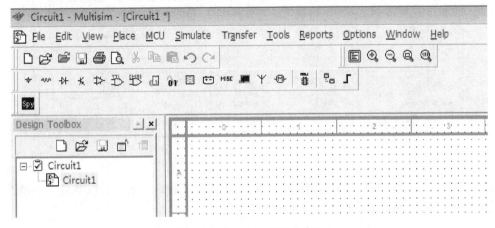

图1-15 Multisim界面主窗口

2. 万用表的使用

双击万用表图标 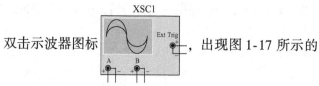，出现图 1-16 所示的界面，可选择测量电流、电压、电阻等，也可选择测量交流或直流，还可进行参数设置。

3. 示波器的使用

双击示波器图标，出现图 1-17 所示的界面，它与实际示波器操作基本相同，该虚拟示波器可观察两路信号的波形：Channel A 和 Channel B，"Timebase"

图 1-16　万用表参数设置界面

为时间基准，"Trigger"用于设置示波器触发方式。单击"Reverse"按钮可使波形在白色背景和黑色背景之间转换。

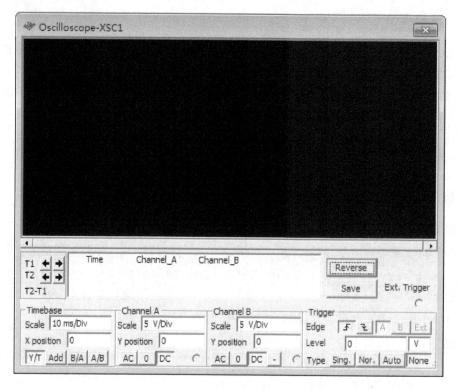

图 1-17　示波器参数设置界面

绘制如图 1-18 所示的双踪示波器测量 AM、FM 信号波形的电路，运行电路，得到图 1-19 所示的波形。图中上面是 AM 信号，下面是 FM 信号。

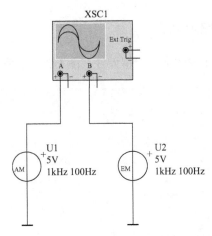

图 1-18 双踪示波器测量 AM、FM 信号波形的电路

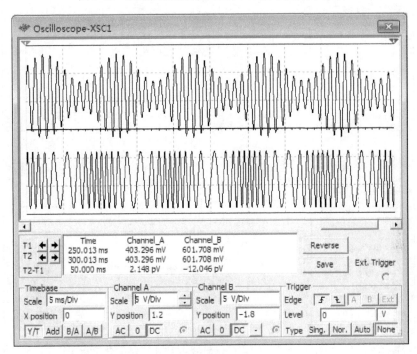

图 1-19 双踪示波器测量 AM、FM 信号波形图

4. 信号发生器的使用

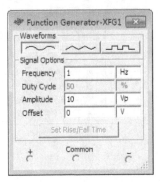

双击信号发生器图标 ，出现图 1-20 所示的界面，可选择信号波形（正弦波、三角波、方波），设置频率、振幅等参数。

图 1-20 信号发生器参数设置

1.5.3　虚拟元件库中的虚拟元件

图 1-21 所示为虚拟元件库中的常用虚拟元件。图 1-21a 是信号源，图 1-21b 是基本元件。

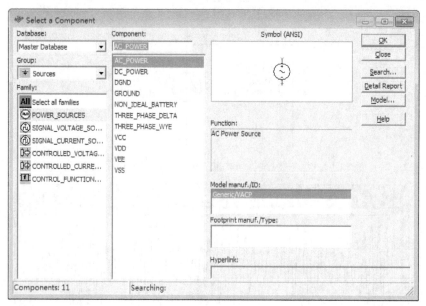

a) 信号源

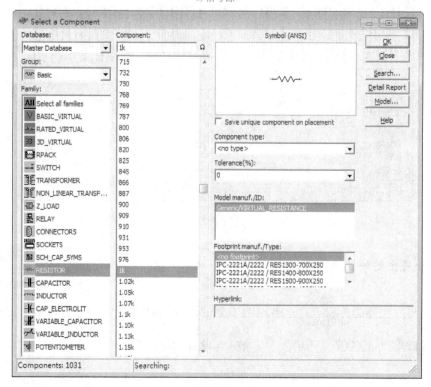

b) 基本元件

图 1-21　虚拟元件库中的常用虚拟元件

小　结

1. 用电信号（或光信号）传输信息的系统称为通信系统，它由信源、输入变换器、输出变换器、发送设备、接收设备和信道组成。根据信道不同，可分为有线通信系统和无线通信系统；按传输的基带信号不同，可分为模拟通信系统和数字通信系统。

2. 为了改善系统性能、实现信号的有效传输及信道复用，通信系统中广泛采用调制技术。调制即用待传输的基带信号去改变高频载波信号的某一参数的过程。用基带信号去改变高频信号的幅度，称为调幅。基带信号也称为调制信号，未调制的高频信号称为载波信号，经调制后的高频信号称为已调信号。已调信号均占据一定的频带宽度。

调幅发送设备包括载波产生电路、调制信号产生电路、幅度调制器和高频功率放大器，它的功能是将调制信号"加载"到载波的幅度上，使载波信号的幅度按调制信号的变化规律而变化。接收设备包括高频放大器、本地振荡器、混频器、中频放大器、检波器和低频放大器，它的主要功能是从高频调幅波中解调出原来的调制信号。

3. 根据无线电波的传播特点，将无线电的频率范围划分为若干频段，也叫作波段。当电磁波自波源发出后，要经过各种途径到达接收天线，几种主要的传播途径分别为空间波传播、地波传播和天波传播。

4. 天线是发射机终端和接收机前端的重要器件。常用天线有中长波通信天线、短波通信天线、电视及调频广播天线等。

5. 非线性电子线路是包含非线性电子元器件的电路。其基本特点是：能够产生新的频率分量，具有频率变换作用；电路分析时不适用叠加定理；但当作用信号很小、工作点取得适当时，非线性电路也可近似按线性电路进行分析。

习　题

1.1　为了改善系统性能，实现信号的＿＿＿＿＿＿＿＿＿＿及＿＿＿＿＿＿＿＿＿，通信系统中广泛采用调制技术。

1.2　用待传输的信号去改变高频载波信号某一参数的过程，称为＿＿＿＿＿＿，用基带信号去改变载波信号的幅度，称为＿＿＿＿＿＿。

1.3　无线电波传播方式大体可分为＿＿＿＿＿＿＿＿＿＿＿、＿＿＿＿＿＿＿＿＿＿＿和＿＿＿＿＿＿＿＿＿＿＿。

1.4　非线性器件能够产生＿＿＿＿＿＿＿＿＿＿，具有＿＿＿＿＿＿＿＿＿的作用。

第2章

小信号选频放大器

小信号选频放大器用来从众多的微弱信号中，选出有用频率信号加以放大并对其他无用频率信号予以抑制，它广泛应用于通信设备的接收机中。用 *LC* 谐振回路作为选频网络构成的选频放大器称为小信号谐振放大器或调谐放大器，由于输入信号很小，器件工作在甲类状态。目前通信设备中广泛采用由集中选频滤波器和集成宽带放大器组成的集中选频放大器，它具有选择性好、性能稳定、调整方便等特点。

本章先对谐振回路的基本特性进行分析，然后介绍小信号谐振放大器和集中选频放大器，最后简单介绍放大器的噪声。

2.1　*LC* 谐振回路

小信号调谐放大器的性能在很大程度上取决于谐振回路，而 *LC* 谐振回路在正弦波振荡器、调制、混频等高频单元电路中都起着重要的作用，因此下面先介绍谐振回路的基本特性。

2.1.1　*LC* 并联谐振回路频率特性

谐振回路由电感 *L* 和电容 *C* 组成，具有选择信号和阻抗变换的作用。简单的谐振回路有串联谐振回路和并联谐振回路。小信号调谐放大器中，*LC* 并联谐振回路使用最为广泛。

并联谐振回路频率特性是指电路端电压随输入信号频率变化的特性，它包含幅频特性和相频特性两个方面。幅频特性是指回路端电压的幅值与频率的变化关系，相频特性是指回路端电压的相位与频率的变化关系。

LC 并联谐振回路如图 2-1 所示。图 2-1a 中，*r* 代表线圈 *L* 的等效损耗电阻，通常认为线圈的损耗就是回路的损耗。在分析电路时，常把电感与电阻串联支路转换成电感与电阻并联回路的形式，如图 2-1b 所示，其中，R_p 为等效电阻，$R_p = L/Cr$。由于电容的损耗很小，图中略去其损耗电阻。$\dot{I}_s$ 为电流源，$\dot{U}_o$ 为并联回路两端输出电压。并联谐振回路的等效阻抗计算如下：

由图 2-1a 可得 *LC* 回路等效阻抗为

$$Z = \frac{\dot{U}_o}{\dot{I}_s} = \frac{(r + j\omega L) \cdot \dfrac{1}{j\omega C}}{r + j\omega L + \dfrac{1}{j\omega C}} \tag{2-1}$$

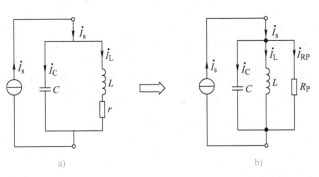

图2-1　LC 并联谐振回路

由图2-1b 可得 LC 回路等效阻抗为

$$Z = \frac{1}{\dfrac{1}{R_P} + j\omega C + \dfrac{1}{j\omega L}} \tag{2-2}$$

$$\varphi = -\arctan \frac{\omega C - \dfrac{1}{\omega L}}{\dfrac{1}{R_P}} \tag{2-3}$$

实际电路中，通常 r 很小，满足 $r \ll \omega L$，因此，式(2-1) 可近似为

$$Z \approx \frac{\dfrac{L}{C}}{r + j\left(\omega L - \dfrac{1}{\omega C}\right)} \tag{2-4}$$

当 $\omega L = 1/\omega C$ 时，回路产生谐振，由式(2-4) 可知并联谐振回路在谐振时其等效阻抗为纯电阻且为最大，可用 R_P 表示，即

$$Z = R_P = \frac{L}{Cr} \tag{2-5}$$

并联谐振回路的谐振频率为　　$\omega_0 = \dfrac{1}{\sqrt{LC}}$　或者　$f_0 = \dfrac{1}{2\pi\sqrt{LC}}$ $\tag{2-6}$

在 LC 谐振回路中，为了评价谐振回路损耗的大小，常引入品质因数 Q，它定义为回路谐振时的感抗（或容抗）与回路等效损耗电阻 r 之比，即

$$Q = \frac{\omega_0 L}{r} = \frac{\dfrac{1}{\omega_0 C}}{r} \tag{2-7}$$

将式(2-6) 代入式(2-7)，则得　　$Q = \sqrt{\dfrac{L}{C}}\Big/ r$ $\tag{2-8}$

一般 LC 谐振回路的 Q 值在几十到几百范围内，Q 值越大，回路的损耗越小，其选频特性就越好。将式(2-8) 代入式(2-5) 可得

$$R_{\mathrm{P}} = \frac{\frac{L}{C}}{r} = \frac{\frac{L}{C}}{rr}r = Q^2 r = Q\sqrt{\frac{L}{C}} \tag{2-9}$$

将式(2-5)、式(2-6) 和式(2-7) 代入式(2-4)，则得并联谐振回路阻抗频率特性为

$$Z = \frac{R_{\mathrm{P}}}{1 + j\left[\left(\omega L - \frac{1}{\omega C}\right)\big/ r\right]} = \frac{R_{\mathrm{P}}}{1 + j\dfrac{\omega_0 L}{r}\left(\dfrac{\omega}{\omega_0} - \dfrac{\omega_0}{\omega}\right)} = \frac{R_{\mathrm{P}}}{1 + jQ\left(\dfrac{\omega}{\omega_0} - \dfrac{\omega_0}{\omega}\right)} \tag{2-10}$$

通常，谐振回路主要研究谐振频率 ω_0 附近的频率特性。由于 ω 十分接近于 ω_0，故可近似认为 $\omega + \omega_0 \approx 2\omega$，$\omega\omega_0 = \omega_0^2$，并令 $\omega - \omega_0 = \Delta\omega$，则式(2-10) 可写成

$$Z \approx \frac{R_{\mathrm{P}}}{1 + jQ\dfrac{2\Delta\omega}{\omega_0}} \tag{2-11}$$

其幅频特性和相频特性分别为

$$|Z| = \frac{R_{\mathrm{P}}}{\sqrt{1 + \left(Q\dfrac{2\Delta\omega}{\omega_0}\right)^2}} \tag{2-12}$$

$$\varphi = -\arctan\left(Q\dfrac{2\Delta\omega}{\omega_0}\right) \tag{2-13}$$

根据式(2-12) 和式(2-13) 可作出并联谐振回路阻抗幅频特性和相频特性曲线，如图 2-2 所示。当 $\omega = \omega_0$（$\Delta\omega = 0$），即谐振时，回路阻抗为最大且为纯电阻，相移 $\varphi = 0$；当 $\omega \neq \omega_0$ 时，并联回路阻抗下降，相移值增大。当 $\omega > \omega_0$ 时，回路呈容性，相移 φ 为负值，最大负值趋于 $-90°$；当 $\omega < \omega_0$ 时，回路呈感性，相移 φ 为正值，最大正值趋于

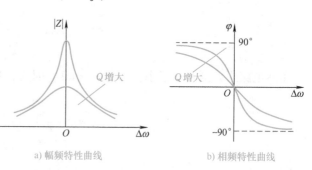

a) 幅频特性曲线　　　　b) 相频特性曲线

图 2-2　并联谐振回路阻抗频率特性曲线

$+90°$。取不同的 Q 值，可以画出不同的阻抗幅频特性曲线和相频特性曲线，如图 2-2 所示。由图可见，Q 值越大，R_{P} 就越大，幅频特性曲线越尖锐，相频特性曲线在谐振频率附近越陡峭。

例 2-1　并联谐振回路如图 2-1a 所示，$L = 180\mu\mathrm{H}$，$C = 140\mathrm{pF}$，$r = 10\Omega$。试求：（1）谐振频率 f_0、品质因数 Q、谐振电阻 R_{P}。（2）$\Delta f = \pm 10\mathrm{kHz}$ 或 $\pm 50\mathrm{kHz}$ 时并联谐振回路的阻抗及相移。

解：（1）求 f_0、Q、R_{P}。

$$f_0 = \frac{1}{2\pi\sqrt{LC}} = \frac{1}{2\pi\sqrt{180 \times 10^{-6} \times 140 \times 10^{-12}}}\mathrm{Hz} \approx 1\mathrm{MHz}$$

$$Q = \frac{\sqrt{\dfrac{L}{C}}}{r} = \frac{\sqrt{\dfrac{180 \times 10^{-6}}{140 \times 10^{-12}}}}{10} \approx 113$$

$$R_\mathrm{P} = \frac{L}{Cr} = \frac{180 \times 10^{-6}}{140 \times 10^{-12} \times 10}\Omega \approx 129\mathrm{k}\Omega$$

（2）求回路失谐时的等效阻抗及相移，当 $\Delta f = \pm 10\mathrm{kHz}$ 时

$$|Z| = \frac{R_\mathrm{P}}{\sqrt{1 + \left(Q\dfrac{2\Delta f}{f_0}\right)^2}} = \frac{129}{\sqrt{1 + \left(113 \times \dfrac{2 \times 10}{1000}\right)^2}}\mathrm{k}\Omega \approx 52\mathrm{k}\Omega$$

$$\varphi = -\arctan\left(Q\frac{2\Delta f}{f_0}\right) = -\arctan\left(113 \times \frac{\pm 2 \times 10}{1000}\right) \approx \mp 66°$$

当 $\Delta f = \pm 50\mathrm{kHz}$ 时

$$|Z| = \frac{R_\mathrm{P}}{\sqrt{1 + \left(Q\dfrac{2\Delta f}{f_0}\right)^2}} = \frac{129}{\sqrt{1 + \left(113 \times \dfrac{2 \times 50}{1000}\right)^2}}\mathrm{k}\Omega \approx 11\mathrm{k}\Omega$$

$$\varphi = -\arctan\left(Q\frac{2\Delta f}{f_0}\right) = -\arctan\left(113 \times \frac{\pm 2 \times 50}{1000}\right) \approx \mp 85°$$

上述计算说明，由于并联谐振回路的 Q 值比较大，所以，随着失谐量的增大，回路的等效阻抗明显减小，而相移量增大。

2.1.2 并联谐振回路的通频带和选择性

1. 并联谐振回路电压谐振曲线

上面已求得并联谐振回路的阻抗频率特性。当维持信号源 $\dot{I}_\mathrm{s}$ 的幅值不变时，改变其频率，并联回路两端电压 $\dot{U}_\mathrm{o}$ 的变化规律与回路阻抗频率特性相似。由图 2-1 可知，并联回路两端输出电压 $\dot{U}_\mathrm{o}$ 为

$$\dot{U}_\mathrm{o} = \dot{I}_\mathrm{s}Z \tag{2-14}$$

将式（2-11）代入式（2-14），则得

$$\dot{U}_\mathrm{o} \approx \frac{\dot{I}_\mathrm{s}R_\mathrm{P}}{1 + \mathrm{j}Q\dfrac{2\Delta\omega}{\omega_0}} = \frac{\dot{U}_\mathrm{P}}{1 + \mathrm{j}Q\dfrac{2\Delta f}{f_0}} \tag{2-15}$$

式中，$\dot{U}_\mathrm{P} = \dot{I}_\mathrm{s}R_\mathrm{P}$ 为并联回路谐振时回路两端输出电压；$\Delta f = f - f_0$，称为回路的绝对失调量，即信号频率偏离回路谐振频率的绝对值。用 $\dot{U}_\mathrm{P}$ 对式（2-15）两边相除并取模数，即得并联谐振回路输出电压幅频特性（归一化谐振函数）为

$$\left|\frac{\dot{U}_\mathrm{o}}{\dot{U}_\mathrm{P}}\right| = \frac{1}{\sqrt{1 + \left(Q\dfrac{2\Delta f}{f_0}\right)^2}} \tag{2-16}$$

输出电压相频特性为

$$\varphi = -\arctan\left(Q\frac{2\Delta f}{f_0}\right) \tag{2-17}$$

根据式(2-16)和式(2-17)可以给出并联谐振回路以失调量 Δf 表示的幅频特性曲线和相频特性曲线，如图2-3所示。由图可见，Q 值越大，幅频特性曲线越尖锐，相频特性曲线在谐振频率附近越陡峭。

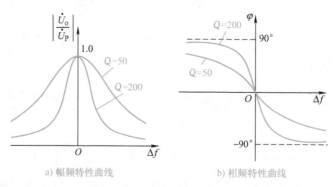

| a) 幅频特性曲线 | b) 相频特性曲线 |

图2-3 并联谐振回路幅频特性和相频特性曲线

2. 通频带

当占有一定频带的信号在并联谐振回路中传输时，由于幅频特性曲线的不均匀性，输出电压不可避免地会产生频率失真。通频带实际上是为了限制频率失真的大小而规定的一个值。当 $|\dot{U}_o/\dot{U}_P|$ 值由最大值1下降到0.707（$\approx1/\sqrt{2}$）时，所确定的频带宽度 $2\Delta f$ 就是回路的通频带 $BW_{0.7}$，如图2-4所示。令式(2-16)中 $|\dot{U}_o/\dot{U}_P| = 1/\sqrt{2}$，用 $BW_{0.7}$ 代替 $2\Delta f$，可求得并联谐振回路的通频带为

$$BW_{0.7} = \frac{f_0}{Q} \tag{2-18}$$

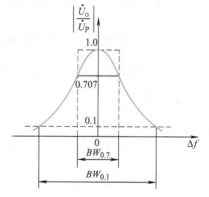

图2-4 并联谐振回路的通频带和选择性

式(2-18)说明，回路 Q 值越高，幅频特性曲线越尖锐，通频带越窄；回路谐振频率 f_0 越高，通频带越宽。

3. 选择性

选择性是指回路从各种不同频率信号中选出有用信号、排除干扰信号的能力。

由于谐振回路具有谐振特性，所以它具有选择有用信号的能力。回路的谐振曲线越尖锐，对无用信号的抑制作用越强，选择性就越好。正常使用时，谐振回路的谐振频率应调谐在所需信号的中心频率上。

选择性可用通频带以外无用信号的输出电压 $|\dot{U}_o|$ 与谐振时输出电压 $|\dot{U}_P|$ 之比来表示，$|\dot{U}_o/\dot{U}_P|$ 越小，说明谐振回路抑制无用信号的能力越强，选择性越好。

实际应用中，选择性常用谐振回路输出信号 $|\dot{U}_o|$ 下降到谐振时输出电压 $|\dot{U}_P|$ 的 0.1 倍，即下降 20dB 的频带 $BW_{0.1}$ 来表示，如图 2-4 所示，$BW_{0.1}$ 越小，回路的选择性就越好。

为了提高选择性、降低频率失真，要求谐振回路的幅频特性应具有矩形形状，即在通频带内各频率分量具有相同的输出幅度，而在通频带以外无用信号输出为零，如图 2-4 虚线所示。然而任何实际的谐振回路均满足不了上述要求，但为了说明实际幅频特性曲线接近矩形的程度，常引用"矩形系数"这一参数，用符号 $K_{0.1}$ 表示，它定义为

$$K_{0.1} = \frac{BW_{0.1}}{BW_{0.7}} \tag{2-19}$$

显然，矩形系数越接近于 1，则谐振回路幅频特性曲线越接近于矩形，回路的选择性也就越好。

令 $|\dot{U}_o/\dot{U}_P| = 0.1$，由式（2-16）可得 $BW_{0.1} \approx 10f_0/Q$，由此可得 $K_{0.1} \approx 10$。这说明单个并联谐振回路的矩形系数远大于 1，故其选择性比较差。若要减小矩形系数，可采用两个或多个串、并联谐振回路连接起来，构成带通滤波器，也可采用石英晶体滤波器、陶瓷滤波器或声表面波滤波器等。

2.1.3 串联谐振回路的频率特性

图 2-5 所示是 LC 串联谐振回路的基本形式，其中 r 是电感 L 的损耗电阻。由图可知串联谐振回路的等效阻抗为

$$Z = \frac{\dot{U}_o}{\dot{i}} = r + j\omega L + \frac{1}{j\omega C} = r + j\omega L - j\frac{1}{\omega C}$$

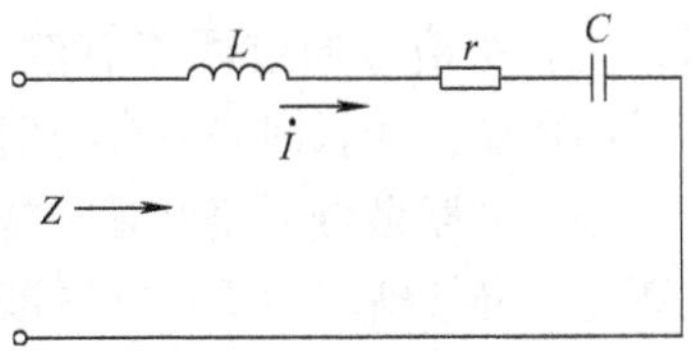

下面利用与并联 LC 回路的对偶关系，直接给出串联 LC 回路的主要基本参数。

图 2-5 LC 串联谐振回路

回路空载时阻抗的幅频特性和相频特性为

$$|Z| = \sqrt{r^2 + \left(\omega L - \frac{1}{\omega C}\right)^2} \tag{2-20}$$

$$\varphi = \arctan \frac{\omega L - \dfrac{1}{\omega C}}{r} \tag{2-21}$$

回路总阻抗为
$$Z = r + j\left(\omega L - \frac{1}{\omega C}\right) \tag{2-22}$$

回路空载 Q 值为

$$Q_0 = \frac{\omega_0 L}{r} \tag{2-23}$$

谐振频率为

$$f_0 = \frac{1}{2\pi\sqrt{LC}} \tag{2-24}$$

回路输出电流幅频特性（归一化谐振函数）为

$$\left| \frac{\dot{i}}{\dot{i}_0} \right| = \frac{1}{\sqrt{1 + \left(Q \dfrac{2\Delta f}{f_0} \right)^2}} \tag{2-25}$$

式中，$\dot{i}$ 是任意频率时的回路电流；$\dot{i}_0$ 是谐振时的回路电流。

通频带为

$$BW_{0.7} = \frac{f_0}{Q} \tag{2-26}$$

图 2-6a、b 分别是串联谐振回路与并联谐振回路空载时的阻抗特性曲线。由图中可见，串联回路在谐振频率点的阻抗最小，相频特性曲线斜率为正；并联回路在谐振频率点的阻抗最大，相频特性曲线斜率为负。所以，串联回路在谐振时，通过电流 I 最大；并联回路在谐振时，两端电压 U_0 最大。在实际选频应用时，串联回路适合与信号源和负载串联，使有用信号通过回路有效地传送给负载；并联回路适合与信号源和负载并联，使有用信号在负载上的电压振幅最大。

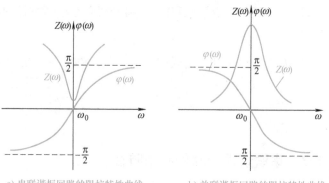

a) 串联谐振回路的阻抗特性曲线   b) 并联谐振回路的阻抗特性曲线

图 2-6 串、并联谐振回路阻抗特性曲线

串、并联谐振回路的导纳特性曲线正好相反。串联谐振回路在谐振频率点的导纳最大，且相频特性曲线斜率为负；并联谐振回路在谐振频率点的导纳最小，且相频特性曲线斜率为正。

2.2 阻抗变换电路

2.2.1 信号源及负载对谐振回路的影响

在实际应用中，谐振回路必须与信号源和负载相连接，信号源的输出阻抗和负载阻抗都会对谐振回路产生影响，它们不但会使回路的等效品质因数下降、选择性变差，同时还会使谐振回路的调谐频率发生偏移。

图 2-7a 所示为实用的并联谐振回路，图中 R_s 为信号源内阻，R_L 为负载电阻。为了说明 R_s、R_L 对谐振回路的影响，可将图 2-7a 变换成图 2-7b 的形式，图中电流源 $\dot{I}_s = \dot{U}_s / R_s$；$L$ 与 R_P 并联电路是由 L、r 串联电路变换得来的。由图 2-7a 可写出 L、r 串联电路的导纳为

$$Y = \frac{1}{r + j\omega L} = \frac{r}{r^2 + \omega^2 L^2} - j\frac{\omega L}{r^2 + \omega^2 L^2}$$

当 $r \ll \omega L$ 时，$r^2 + \omega^2 L^2 \approx \omega^2 L^2$，所以，上式可近似为

$$Y = \frac{r}{\omega^2 L^2} - j\frac{\omega L}{\omega^2 L^2} \tag{2-27}$$

式(2-27)可以看成一个电阻与电感L的并联电路。由于谐振回路通常研究在谐振频率附近的特性，所以$\omega^2 L^2/r$可写成

$$\frac{\omega^2 L^2}{r} \approx \frac{\omega_0^2 L^2}{r} = \frac{L}{Cr} = R_P \tag{2-28}$$

由此可见，将并联谐振回路中电感与电阻串联电路变换成电感与电阻并联电路时，在$r \ll \omega L$时，电感值可近似不变，并联的电阻值变为R_P，它比串联电阻r大很多。

将图2-7b中所有电阻合并为R_e，即

$$R_e = R_s /\!/ R_P /\!/ R_L \tag{2-29}$$

因此，可把图2-7b简化为图2-7c所示。实质上R_e就是考虑到R_s、R_L影响后并联谐振回路的等效谐振电阻。由R_e可求得并联谐振回路的等效品质因数，称为有载品质因数，用Q_e表示（把不考虑R_s、R_L影响的并联谐振回路品质因数称为空载品质因数或固有品质因数，用Q_0表示）。由式(2-29)可得

$$Q_e = R_e \sqrt{\frac{C}{L}} \tag{2-30}$$

由于$R_e < R_P$，所以有载品质因数Q_e小于空载品质因数Q_0，R_s、R_L越小，R_e也越小，则Q_e减小得越多，回路的选择性就越差，而通频带却变宽了。

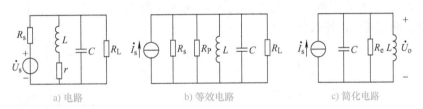

a) 电路　　　　　　　　b) 等效电路　　　　　　　　c) 简化电路

图2-7 实用并联谐振回路

例2-2 并联谐振回路如图2-7a所示，$L = 586\mu H$，$C = 200pF$，$r = 12\Omega$，$R_s = R_L = 100k\Omega$，试分析信号源及负载对谐振回路特性的影响。

解：（1）不考虑R_s、R_L的影响时，谐振频率为

$$f_0 = \frac{1}{2\pi\sqrt{LC}} = \frac{1}{2\pi\sqrt{586 \times 10^{-6} \times 200 \times 10^{-12}}} Hz \approx 465 kHz$$

空载品质因数为

$$Q = \frac{\sqrt{\dfrac{L}{C}}}{r} = \frac{\sqrt{\dfrac{586 \times 10^{-6}}{200 \times 10^{-12}}}}{12} \approx 143$$

谐振电阻为

$$R_P = \frac{L}{Cr} = \frac{586 \times 10^{-6}}{200 \times 10^{-12} \times 12}\Omega \approx 244 k\Omega$$

通频带为

$$BW_{0.7} = \frac{f_0}{Q} = \frac{465}{143}kHz \approx 3.3 kHz$$

（2）考虑R_s、R_L的影响时，由于L、C基本不变，故谐振频率f_0仍为465kHz，严格讲f_0与回路损耗电阻有关。

因为等效谐振电阻为

$$R_e = R_s /\!/ R_P /\!/ R_L \approx 41.5 k\Omega$$

所以有载品质因数为
$$Q_e = R_e \sqrt{\frac{C}{L}} = 41.5 \times 10^3 \sqrt{\frac{200 \times 10^{-12}}{586 \times 10^{-6}}} \approx 24$$

通频带为
$$BW_{0.7} = \frac{f_0}{Q_e} = \frac{465}{24} \text{kHz} \approx 19.4 \text{kHz}$$

可见，信号源内阻及负载电阻使回路品质因数下降，导致回路通频带变宽，选择性变差。为了保证回路有较高的选择性，应采取措施减小信号源和负载的影响，当然也可以在并联谐振回路两端并联一个电阻以获得较宽的通频带。

2.2.2 常用阻抗变换电路

为了减小信号源及负载对谐振回路的影响，除了增大 R_s 和 R_L 外，还可采用阻抗变换电路，常用的阻抗变换电路有变压器阻抗变换电路、电感分压式阻抗变换电路和电容分压式阻抗变换电路。

1. 变压器阻抗变换电路

图 2-8 所示为变压器阻抗变换电路。设变压器为无损耗的理想变压器，N_1 为变压器一次绕组匝数，N_2 为变压器二次绕组匝数，则变压器的匝数比 n 为

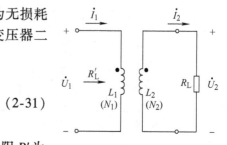

$$n = \frac{N_1}{N_2} = \frac{\dot{U}_1}{\dot{U}_2} = \frac{\dot{I}_2}{\dot{I}_1} \tag{2-31}$$

因此可以得到负载电阻 R_L 折算到一次绕组的等效电阻 R_L' 为

图 2-8 变压器阻抗变换电路

$$R_L' = \frac{\dot{U}_1}{\dot{I}_1} = \frac{n \dot{U}_2}{\dot{I}_2/n} = n^2 R_L \tag{2-32}$$

2. 电感分压式阻抗变换电路

图 2-9 所示为电感分压式阻抗变换电路，该电路也称为自耦变压器阻抗变换电路。图中1、3 为输入端，2、3 为输出端，1、2 端绕组匝数为 N_1，电感量为 L_1，2、3 端绕组匝数为 N_2，电感量为 L_2，L_1 与 L_2 之间的互感为 M。

设 L_1、L_2 是无损耗的，且 $R_L \gg \omega L_2$，自耦变压器的匝数比 n 为

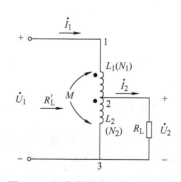

$$n = \frac{N_1 + N_2}{N_2} = \frac{L_1 + L_2 + 2M}{L_2 + M} = \frac{\dot{U}_1}{\dot{U}_2} = \frac{\dot{I}_2}{\dot{I}_1} \tag{2-33}$$

因此可以得到负载电阻 R_L 折算到一次绕组的等效电阻 R_L' 为

$$R_L' = \frac{\dot{U}_1}{\dot{I}_1} = \frac{n \dot{U}_2}{\dot{I}_2/n} = n^2 R_L \tag{2-34}$$

图 2-9 电感分压式阻抗变换电路

3. 电容分压式阻抗变换电路

图 2-10 所示为电容分压式阻抗变换电路，图中，C_1、C_2 为分压电容，R_L 为负载电阻，R'_L 是 R_L 经变换后的等效电阻。

设 C_1、C_2 是无损耗的，根据 R_L 和 R'_L 上所消耗的功率相等，即 $\dfrac{U_1^2}{R'_L} = \dfrac{U_2^2}{R_L}$

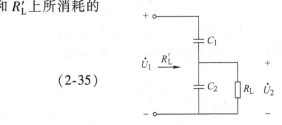

可得到
$$R'_L = \left(\frac{U_1}{U_2}\right)^2 R_L = n^2 R_L \qquad (2\text{-}35)$$

式中，$n = U_1/U_2$。

当 $R_L \gg \dfrac{1}{\omega C_2}$ 时，可求得

图 2-10　电容分压式阻抗变换电路

$$U_2 \approx \frac{U_1}{1 \Big/ \left(\omega\, \dfrac{C_1 C_2}{C_1 + C_2}\right)} \cdot \frac{1}{\omega C_2} = \frac{U_1 C_1}{C_1 + C_2}$$

由此可得
$$n = \frac{U_1}{U_2} = \frac{C_1 + C_2}{C_1} \qquad (2\text{-}36)$$

例 2-3　并联谐振回路与信号源和负载的连接如图 2-11a 所示，信号源以自耦变压器形式接入回路，负载 R_L 以变压器形式接入回路。已知绕组的匝数分别为 $N_{12} = 10$ 匝，$N_{13} = 50$ 匝，$N_{45} = 5$ 匝，$L_{13} = 8.4\,\mu\text{H}$，$C = 51\text{pF}$，回路空载品质因数 $Q = 100$，$I_s = 1\text{mA}$，$R_s = 10\text{k}\Omega$，$R_L = 2.5\text{k}\Omega$，试求回路的有载品质因数 Q_e、通频带 $BW_{0.7}$ 及回路谐振的输出电压 U_o。

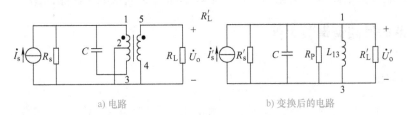

a) 电路　　　　　　　　　　　　b) 变换后的电路

图 2-11　采用阻抗变换电路的并联谐振回路

解：将 I_s、R_s、R_L 均折算到并联谐振回路 1−3 两端，如图 2-11b 所示，令自耦变压器的匝数比为 n_1，则

$$n_1 = \frac{N_{13}}{N_{12}} = \frac{50}{10} = 5$$

所以
$$R'_s = n_1^2 R_s = 5^2 \times 10\text{k}\Omega = 250\text{k}\Omega$$

令变压器的匝数比为 n_2，则

$$n_2 = \frac{N_{13}}{N_{45}} = \frac{50}{5} = 10$$

所以

$$R'_L = n_2^2 R_L = 10^2 \times 2.5\text{k}\Omega = 250\text{k}\Omega$$

结果说明，R'_s 和 R'_L 显著增大，故它们对并联谐振回路的影响减小。

$$R_P = Q \sqrt{\frac{L_{13}}{C}} = 100 \times \sqrt{\frac{8.4 \times 10^{-6}}{51 \times 10^{-12}}} \Omega \approx 40.6 \text{k}\Omega$$

因此，$R_e = R_s' /\!/ R_P /\!/ R_L' = 30.6 \text{k}\Omega$

$$Q_e = R_e \sqrt{\frac{C}{L_{13}}} = 30.6 \times 10^3 \sqrt{\frac{51 \times 10^{-12}}{8.4 \times 10^{-6}}} \approx 75$$

可见，由于采用了阻抗变换电路，使得 R_s、R_L 对并联回路的影响减小，故回路品质因数下降不多。此时等效并联谐振回路的通频带为

$$BW_{0.7} = \frac{f_0}{Q_e} = \frac{\dfrac{1}{2\pi\sqrt{L_{13}C}}}{Q_e} = \frac{1}{2\pi\sqrt{8.4 \times 10^{-6} \times 51 \times 10^{-12}} \times 75} \text{Hz} \approx 103 \text{kHz}$$

根据信号源输出功率相同的条件，由图 2-11 可知 $I_s' U_o' = I_s U_{12}$

因此可得

$$I_s' = \frac{I_s U_{12}}{U_o'} = \frac{U_{12}}{U_{13}} I_s = \frac{1}{n_1} I_s = \frac{1}{5} \times 1 \text{mA} = 0.2 \text{mA}$$

$$\dot{U}_o = \frac{\dot{U}_{13}}{n_2} = \frac{\dot{U}_o'}{n_2} = \frac{\dot{I}_s' R_e}{n_2} = \frac{0.2 \times 30.6}{10} \text{V} = 0.612 \text{V}$$

2.3　小信号谐振放大电路

LC 谐振回路小信号放大器由放大器件和 LC 谐振回路组成。放大器件可采用单管、双管组合电路和集成放大电路等。谐振回路可以是单谐振回路或双耦合谐振回路。

2.3.1　单谐振回路调谐放大器

1. 工作原理

图 2-12a 所示为常用的晶体管单谐振回路谐振放大器电路，简称单调谐放大器。电路中，晶体管的输出由线圈抽头以电感分压式接入回路，负载 R_L 通过降压变压器与谐振回路相耦合，从而减小了晶体管输出阻抗和负载对谐振回路的影响。图中，R_{B1}、R_{B2}、R_E 构成分压式电流负反馈直流偏置电路，以保证晶体管工作在甲类状态。C_B、C_E 分别为基极、发射极旁路电容，用于短路高频交流信号。电路的交流通路如图 2-12b 所示。

将晶体管用小信号电路模型代入图 2-12b，则得图 2-13a 所示电路。图中 G_{ie}、C_{ie} 分别为晶体管

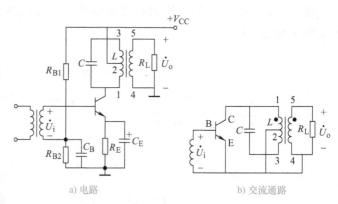

a) 电路　　　　　　b) 交流通路

图 2-12　单调谐放大器

的输入电导和输入电容，g_m 为晶体管的跨导，$g_m \approx I_{EQ}(\text{mA})/26\text{mV}$，$G_{oe}$、$C_{oe}$ 分别为晶体管的输出电导和输出电容。

设谐振回路一次绕组 1、2 之间的匝数为 N_{12}，1、3 之间的匝数为 N_{13}，二次绕组的匝数为 N_{45}。由图 2-13a 可知，自耦变压器的匝数比 $n_1 = N_{13}/N_{12}$，一次绕组、二次绕组间的匝数比 $n_2 = N_{13}/N_{45}$。

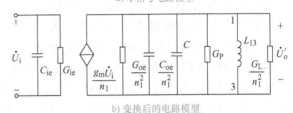

a) 小信号电路模型

因此可将 $g_m \dot{U}_i$、G_{oe}、C_{oe}、R_L 折算到谐振回路 1、3 端，可得图 2-13b 所示小信号放大电路模型。图中 $G_P = 1/R_P$ 为谐振回路空载电导，$G_L = 1/R_L$。由此可得并联谐振回路的有载电导为

$$G_e = G_P + \frac{G_{oe}}{n_1^2} + \frac{G_L}{n_2^2} \qquad (2\text{-}37)$$

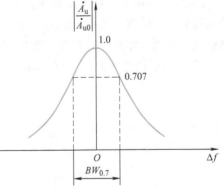

b) 变换后的电路模型

图 2-13　单调谐放大电路小信号电路模型

当 LC 并联谐振回路调谐在输入信号频率上，回路产生谐振时，放大器输出电压最高，故电压增益也为最大，用 A_{u0} 表示，称为谐振电压增益。由图 2-13b 可得

$$\dot{A}_{u0} = \frac{\dot{U}_o}{\dot{U}_i} = \frac{-g_m}{n_1 n_2 G_e} \qquad (2\text{-}38)$$

当输入信号频率不等于谐振回路谐振频率 f_0 时，回路失谐，输出电压下降，故电压增益下降。由于在谐振频率 f_0 附近很窄的频率范围内，晶体管的放大特性随频率变化不大，因此，单调谐放大器的增益频率特性取决于 LC 并联谐振回路的频率特性，因此，由式(2-16)可得放大器的增益频率特性为

$$\left| \frac{\dot{A}_u}{\dot{A}_{u0}} \right| = \frac{1}{\sqrt{1 + \left(Q_e \dfrac{2\Delta f}{f_0} \right)^2}} \qquad (2\text{-}39)$$

式中，Q_e 为 LC 并联谐振回路考虑到负载及晶体管参数影响后的有载品质因数；$\Delta f = f - f_0$，为回路的绝对失调量。

根据式(2-39)作出单调谐放大器的增益频率特性曲线，如图 2-14 所示。可见，此图与图 2-3a 相似。

显然，单调谐放大器的选择性、通频带和矩形系数与单谐振回路相同，即 $BW_{0.7} = f_0/Q_e$，$K_{0.1} = 10$，故单调谐放大器的选择性比较差。

图 2-14　单调谐放大器增益频率特性曲线

例 2-4　单调谐放大器的增益频率特性曲线如图 2-15 所示，求该放大器的谐振增益、通频带及回路的等效品质因数。

解：由图 2-15 可知，放大器的谐振电压增益为 $A_{u0} = 100$

通频带为 $BW_{0.7} = 5.05\text{MHz} - 4.95\text{MHz} = 0.1\text{MHz}$

因为 $BW_{0.7} = f_0/Q_e$，所以品质因数为 $Q_e = f_0/BW_{0.7} = 5\text{MHz}/0.1\text{MHz} = 50$

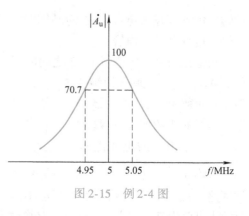

图 2-15　例 2-4 图

2. 单调谐放大器稳定性的提高

由于晶体管集电极和基极之间存在结电容 C'_{bc}，其值虽然很小（只有几皮法），但高频工作时仍能使放大器输出和输入之间形成反馈通路（称为内反馈），再加上谐振放大器中谐振回路阻抗的大小及性质随频率变化剧烈，使得内反馈也随频率而剧烈变化，致使谐振放大器工作不稳定。一般情况下，内反馈会使谐振放大器的增益频率特性曲线变形，使增益、通频带和选择性发生变化，严重时反馈在某个频率上满足自激条件时，放大器将产生自激振荡，从而破坏放大器的正常工作。谐振放大器工作频率越高，谐振回路有载品质因数越高（即谐振增益越高），放大器的工作就越不稳定。

为了减小内反馈的影响，提高谐振放大器工作稳定性，常采用共射-共基两管组合电路构成谐振放大器，其交流通路如图 2-16 所示。图中，V_1 接成共射组态，V_2 接成共基组态，由于共基组态输入阻抗很小，使得放大器输出电路通过内反馈对输入端的影响很小，故放大器的稳定性得到很大提高。

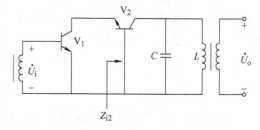

图 2-16　共射-共基组合电路谐振放大器

3. 集成谐振放大器

图 2-17 所示为采用单片集成放大器 MC1590 构成的谐振放大器。MC1590 是适用于小信号谐振放大器的典型器件，其输入由共射-共基电路构成差分电路，输出级由复合管差分电路构成，故内反馈很小，具有工作频率高、不易自激等优点。引脚 1、3 为双端输入端，输入信号 u_i 通过耦合电容 C_1 加到引脚 1 端，引脚 3 通过隔直电容 C_3 交流接地，构成单端输

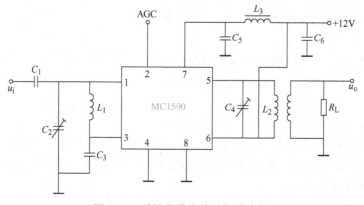

图 2-17　单片集成电路谐振放大器

入，C_2、L_1 构成输入调谐回路，引脚 5、6 为双端输出端，因引脚 6 与正电源端连接，并通过 C_6 接地，故为单端输出。C_4、L_2 构成输出调谐回路，经变压器耦合后输出，C_2、L_1 和 C_4、L_2 均调谐在信号的中心频率上。C_5、L_3、C_6 构成电源去耦合滤波器，用以减小输出级信号通过供电电源对输入级的寄生反馈。

2.3.2 多级单调谐回路谐振放大器

若单级调谐放大器的增益不能满足要求，可采用多级单调谐放大器级联的方式。若每级谐振回路均调谐在同一频率上，则称为同步调谐；若各级谐振回路调谐在不同频率上，则称为参差调谐。

1. 同步调谐放大器

如果放大器由 n 级调谐放大器级联而成，各级都调谐在同一频率上，每级的电压放大倍数分别为 $\dot{A}_{u1}$、$\dot{A}_{u2}$、$\cdots$、$\dot{A}_{un}$，则总的电压放大倍数 $\dot{A}_{u\Sigma}$ 为

$$\dot{A}_{u\Sigma} = \dot{A}_{u1} \cdot \dot{A}_{u2} \cdot \cdots \cdot \dot{A}_{un} \tag{2-40}$$

谐振时总电压放大倍数为

$$\dot{A}_{u0\Sigma} = \dot{A}_{u01} \cdot \dot{A}_{u02} \cdot \cdots \cdot \dot{A}_{u0n} \tag{2-41}$$

式中，$\dot{A}_{u01}$、$\dot{A}_{u02}$、$\cdots$、$\dot{A}_{u0n}$ 分别为各级谐振电压放大倍数。若以分贝表示 n 级放大器总的谐振电压增益，则

$$A_{u0\Sigma}(\mathrm{dB}) = A_{u01}(\mathrm{dB}) + A_{u02}(\mathrm{dB}) + \cdots + A_{u0n}(\mathrm{dB}) \tag{2-42}$$

多级放大器总的增益幅频特性曲线如图 2-18 所示。由于多级放大器的电压放大倍数等于各级电压放大倍数的乘积，所以级数越多，谐振增益越大，幅频特性曲线越尖锐，矩形系数越小，即选择性越好，但通频带越窄。在 n 级级联后，要保证总的通频带满足要求，则每级的通频带必须比总的通频带宽。

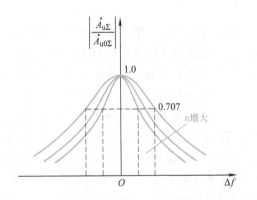

图 2-18 多级同步调谐放大器增益幅频特性曲线

2. 双参差调谐放大器

为了克服多级单调谐放大电路随着级数增加通频带越来越窄的缺陷，可以采用参差调谐的方式，即将级联的单调谐放大电路每一级的谐振频率参差错开，分别调整到约高于和约低于中心频率上，这种电路称为参差调谐放大电路，常用的有双参差调谐与三参差调谐。如图 2-19 所示为双参差调谐放大器幅频特性曲线，其中图 2-19a 为单级幅频特性曲线，图 2-19b 为合成幅频特性曲线，f_1、f_2 表示单级放大器

的谐振频率，要求 $f_1 - f_0 = f_0 - f_2$。放大器的放大倍数等于两级放大倍数的乘积。由图可见，与单级相比，双参差调谐放大器幅频特性曲线更接近于矩形形状，故其选择性比单调谐放大器好。

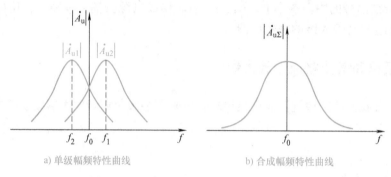

a) 单级幅频特性曲线　　　　　　　　b) 合成幅频特性曲线

图 2-19　双参差调谐放大器幅频特性曲线

2.4　集中选频放大器

随着电子技术的发展，在小信号选频放大器中越来越多地采用集成宽带放大器和集中选频滤波器组成的集中选频放大器，但它们只适用于固定频率的选频放大器。其中，集中选频滤波器具有接近理想矩形的幅频特性。常用的集中选频滤波器有石英晶体滤波器、陶瓷滤波器以及声表面波滤波器，这些滤波器都可以作为部件由专业工厂生产。下面先讨论集中选频滤波器，然后介绍集中选频放大器。

2.4.1　集中选频滤波器

1. 陶瓷滤波器

陶瓷滤波器是由锆钛酸铅陶瓷材料制成的，把这种陶瓷材料制成片状，两面涂银作为电极，经过直流高压极化后就具有压电效应。所谓压电效应，就是指当陶瓷片发生机械变形时，例如拉伸或压缩，它的表面就会出现电荷，两极间产生电压；而当陶瓷片两电极加上电压时，它就会产生伸长或压缩的机械变形。这种材料和其他弹性体一样，存在着固有振动频率。当固有振动频率与外加信号频率相同时，由于压电效应，陶瓷片产生谐振，这时机械振动的幅度最大，相应地陶瓷片表面上产生电荷量的变化也最大，因而外电路中的电流也最大。这表明压电陶瓷片具有串联谐振的特性，其等效电路和图形符号如图 2-20a、b 所示。图中 C_0 为压电陶瓷片的固定电容值，L_q、C_q、r_q 分别相当于机械振动时的等效质量、等效弹性系数和等效阻尼。压电陶瓷片的厚度、半径等尺寸不同时，其等效电路参数也不同。

从等效电路可见，陶瓷片具有两个谐振频率，一个是串联谐振频率：

$$f_S = \frac{1}{2\pi\sqrt{L_q C_q}} \tag{2-43}$$

另一个是并联谐振频率：

$$f_P = \frac{1}{2\pi\sqrt{L_q \dfrac{C_0 C_q}{C_0 + C_q}}} \qquad (2\text{-}44)$$

在串联谐振频率时，陶瓷片的等效阻抗最小（≤20Ω），并联谐振频率时，陶瓷片的等效阻抗最大，其阻抗频率特性如图 2-21 所示。

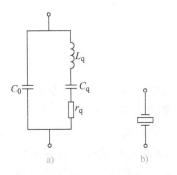

图 2-20　压电陶瓷片的等效电路和图形符号

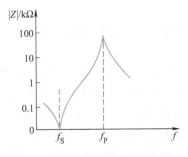

图 2-21　陶瓷片的阻抗频率特性

若将不同频率的压电陶瓷片进行适当的组合连接，如图 2-22 所示，就可以构成四端陶瓷滤波器。陶瓷片的品质因数比一般回路的品质因数高，如果各陶瓷片的串并联谐振频率配置得当，则四端陶瓷滤波器可以获得接近矩形的幅频特性。图 2-22a 由两个陶瓷片组成，图 2-22b 由 9 个陶瓷片组成，图 2-22c 是四端陶瓷滤波器的电路符号。

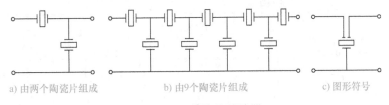

a) 由两个陶瓷片组成　　　　b) 由9个陶瓷片组成　　　　c) 图形符号

图 2-22　四端陶瓷滤波器

2. 声表面波滤波器

声表面波滤波器具有体积小、重量轻、性能稳定、工作频率高（几兆赫至几吉赫）、通频带宽、特性一致性好、抗辐射能力强、动态范围大等特点，因此它在通信、电视、卫星和宇航领域得到了广泛的应用。

声表面波滤波器结构示意图如图 2-23 所示，它以铌酸锂、锆钛酸铅和石英等压电材料为基片，利用真空蒸镀法，在基片表面形成叉指形的金属膜电极，称为叉指电极。左端叉指电极为发端换能器，右端叉指电极为收端换能器。

当把输入信号加到发端换能

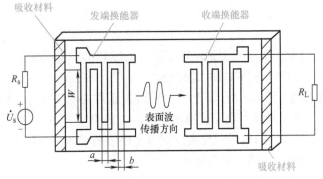

图 2-23　声表面波滤波器的基本结构

器时，叉指电极间便产生交变电场，由于压电效应的作用，基片表面产生弹性形变，激发出与输入信号同频率的声表面波，它沿基片表面传播至收端，由于压电效应的作用，在收端换能器的叉指电极间产生电信号，并传送给负载。

声表面波滤波器的中心频率、通频带等性能指标除与基片材料有关外，主要取决于叉指电极几何尺寸和形状。只要合理设计叉指电极，就能获得预期的频率特性，实用的声表面波滤波器的矩形系数可小于1.2，相对带宽可达50%。

2.4.2 集中选频放大器电路分析

集中选频放大器由于电路简单、选择性好、性能稳定、调整方便等优点，已广泛应用于通信、电视等各种电子设备中。图 2-24 所示为采用集成宽带放大器 FZ_1 和陶瓷滤波器组成的选频放大器，FZ_1 为采用共射-共基组合电路构成的集成宽带放大器。为了使陶瓷滤波器的频率特性不受外电路参数的影响，使用时一般都要求接入规定的信号源阻抗和负载阻抗，以实现阻抗匹配。为此在图 2-24 中，陶瓷滤波器的输入端采用变压器耦合的并联谐振回路，输出端接有由晶体管构成的射极输出器。其中并联谐振回路调谐在陶瓷滤波器频率特性的主谐振频率上，用来消除陶瓷滤波器通频带以外出现的小谐振峰，这种通频带外的小谐振峰会对邻近频道产生干扰。图中，并联在谐振回路上的 $4.7\text{k}\Omega$ 电阻的作用是用来展宽 LC 谐振回路的通频带。

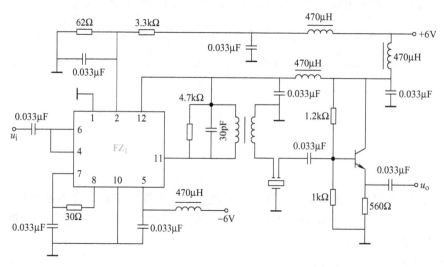

图 2-24　陶瓷滤波器选频放大器

图 2-25 所示为采用声表面波滤波器构成的集中选频放大器，图中 SAWF 为声表面波滤波器。由于 SAWF 插入损耗较大，所以在 SAWF 前加一级由晶体管构成的预中放电路，其输入端电感 L_1 与分布电容并联谐振于中心频率上。SAWF 输入、输出端并有匹配电感 L_2、L_3，用来抵消声表面波滤波器输入、输出端分布电容的影响，以实现良好的阻抗匹配。经过 SAWF 滤波的信号加至集成宽带主中放的输入端，图中 C_1、C_2、C_3 均为交流耦合电容，R_2、C_4 为电源去耦合滤波电路。

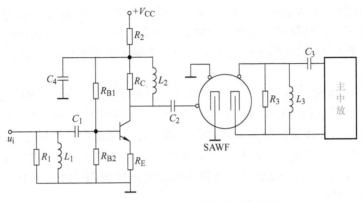

图 2-25　声表面波滤波器选频放大器

2.5　噪声与灵敏度

　　放大器内部存在噪声，它将影响放大器对微弱信号的放大能力。通常，有用信号比放大器内部噪声大得多，噪声的有害影响不明显，可以忽略不计。但当放大器的输入有用信号非常微弱，其值可与叠加在其上的内部噪声强度相比拟时，输出有用信号就会有很强的噪声背景，甚至完全被噪声淹没。

　　放大器的内部噪声主要是由电阻等耗能元件和晶体管、场效应晶体管等电子器件产生的。

2.5.1　噪声来源和分类

1. 电阻的热噪声

　　一个电阻在没有外加电压时，电阻材料的自由电子要做无规则运动，运动过程会在电阻两端产生很小的电压，在一段较长的时间里，出现正、负电压的概率相同，因而两端的平均电压为零。但就某一瞬时来看，电阻两端电压的大小和方向是随机变化的。这种因热而产生的电压起伏称为电阻的热噪声。这种噪声电压是随机变化的，其波形如图 2-26 所示。

　　电阻的热噪声频谱很宽，但只有位于放大器通频带内那一部分噪

图 2-26　电阻热噪声电压波形

声才能通过或得到放大，所以电阻的噪声是很小的，只有放大器的放大量很大、有用信号又很小时，它才有可能成为影响信号质量的重要因素，而且频带越宽、温度越高、阻值越大，产生的噪声也就越大。

2. 晶体管的噪声

晶体管的噪声主要有四个来源。

（1）热噪声　和电阻相同，晶体管三个中性区的体电阻和相应的引线电阻都会产生热噪

声。其中以 $r_{bb'}$ 的热噪声影响最大，相比之下，其他部分体电阻及引线电阻的热噪声均可略去。

（2）散粒噪声　散粒噪声是晶体管的主要噪声源。由于单位时间内通过 PN 结的载流子数目随机起伏，使得通过 PN 结的电流在平均值上下做不规则的起伏变化而形成噪声，称为散粒噪声。

晶体管有两个 PN 结，管子处于放大状态时，发射结为正向偏置，通过比较大的正向发射极电流 I_E 而产生较大的散粒噪声，集电结产生的散粒噪声比较小，可忽略不计。

（3）分配噪声　晶体管发射区中的多数载流子注入基区内，大部分到达集电极，形成集电极电流，而小部分在基区内被复合形成基极电流，这两部分的分配比例是随机的（从平均意义上讲是确定的），因而造成通过集电极的电流在静态值上下起伏变化，引起噪声，把这种噪声称为分配噪声。

（4）闪烁噪声　闪烁噪声又称 $1/f$ 噪声，主要在低频范围（几千赫以下）内起作用。这种噪声产生的原因与半导体材料制作时表面清洁处理和外加电压有关，在高频工作时通常不考虑其影响。

3. 场效应晶体管的噪声

场效应晶体管不是靠少数载流子的运动工作的，所以散粒噪声的影响很小，主要存在沟道电阻产生的热噪声，还存在闪烁噪声。

2.5.2　噪声系数

放大电路的噪声对信号质量的影响程度通常用输入信号的信噪比与输出信号的信噪比的比值来表征，该比值定义为噪声系数。如果噪声系数等于 1，说明放大电路对信号质量没有影响，这是理想情况，但通常噪声系数都大于 1，噪声系数是衡量放大电路噪声性能好坏的物理量。

1. 噪声系数的定义

信号功率（Signal）P_s：信号功率能量的大小。

噪声功率（Noise）P_n：噪声功率能量的大小。

信号噪声功率比（信噪比）P_s/P_n：用以衡量信号的质量。

噪声系数的定义是：放大电路输入端信号噪声功率比 P_{si}/P_{ni} 与输出端信号噪声功率比 P_{so}/P_{no} 的比值。用 N_F 表示：

$$N_F = \left(\frac{P_{si}}{P_{ni}} \right) \bigg/ \left(\frac{P_{so}}{P_{no}} \right) \tag{2-45}$$

用分贝数表示：

$$N_F(dB) = 10\lg\left(\frac{P_{si}}{P_{ni}} \right) \bigg/ \left(\frac{P_{so}}{P_{no}} \right) \tag{2-46}$$

它表示通过放大器后，信噪比变差的程度。

若放大电路是理想无噪声的线性网络，则输出端的信噪比与输入端的信噪比相同，噪声系数 $N_F = 1$。若放大电路本身有噪声，则输出端的信噪比低，即 $N_F > 1$。

2. 噪声系数的表示

实际上，放大电路的输出噪声功率 P_{no} 是由两部分组成的：一部分是 $P_{no1} = A_p P_{ni}$，另一部分是放大电路本身产生的噪声在输出端呈现的噪声功率 P_{no2}，即 $P_{no} = P_{no1} + P_{no2}$，所以，噪声系数又可写成

$$N_F = 1 + \frac{P_{no2}}{P_{no1}} \qquad (2\text{-}47)$$

可以看出，噪声系数与放大电路内部产生的噪声有关。

噪声系数的概念适用于线性电路，对非线性电路而言，信号与噪声、噪声与噪声之间会相互作用。即使电路本身不产生噪声，输出端的信噪比也和输入端的不同。放大电路输入端的信噪比及输出端的信噪比与放大电路的输入电阻 R_i 和输出电阻 R_o 的大小无关。

2.6   仿真实训

2.6.1   *LC* 谐振回路选频特性

1. 仿真目的

1）掌握 *LC* 并联谐振电路的工作原理。
2）了解谐振回路的谐振频率和带宽的测量方法。
3）学会使用波特图示仪。

2. 仿真电路

打开 Multisim 软件，绘制并联谐振电路，如图 2-27 所示。

3. 测试内容

（1）测量并联谐振电路的幅频特性   如图 2-27 所示为 *LC* 并联谐振电路图，谐振频率理论计算值为 $f_0 = 3.24\text{MHz}$，双击波特图仪图标，出现如图 2-28 所示的界面，移动读数条到谐振曲线的最高点（$20\lg 1\text{dB} = 0\text{dB}$），此时对应的频率为 3.203MHz，此即并联谐振回路的谐振频率。

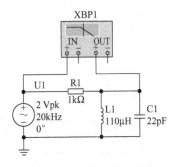

图 2-27   *LC* 并联谐振回路

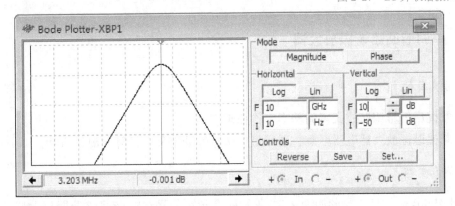

图 2-28   并联谐振回路的谐振频率测量图

（2）测量并联谐振电路的 $-3\mathrm{dB}$ 带宽　如图 2-29 所示为并联谐振回路的上限频率测量图，移动读数条接近 $20\lg 0.707\mathrm{dB} = -3.094\mathrm{dB}$，对应的频率约为 $8.591\mathrm{MHz}$，这个频率近似为上限频率。

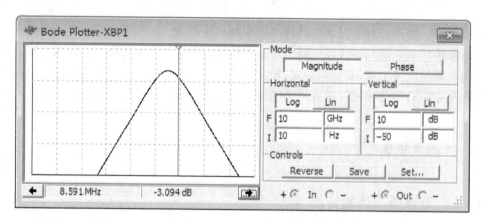

图 2-29　并联谐振回路的上限频率测量图

如图 2-30 所示为并联谐振回路的下限频率测量图，移动读数条接近 $20\lg 0.707\mathrm{dB} = -3.164\mathrm{dB}$，对应的频率约为 $1.204\mathrm{MHz}$，这个频率近似为下限频率。频带宽度为 $(8.591 - 1.204)\mathrm{MHz} = 7.387\mathrm{MHz}$。

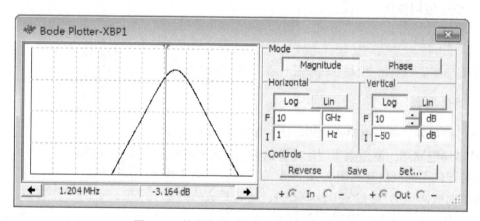

图 2-30　并联谐振回路的下限频率测量图

2.6.2　单调谐回路谐振放大器

1. 仿真目的

1）掌握小信号调谐放大器的基本工作原理。

2）掌握谐振放大器电压增益、通频带、选择性的定义、计算与测试方法。

2. 仿真电路

打开 Multisim 软件，绘制如图 2-31 所示的高频小信号单调谐回路谐振放大器，输入信号频率为465kHz，振幅为10mV。用万用表测量显示输入电压为7.071mV，输出电压有效值为1.087V，所以放大倍数为1.087V /7.071mV = 153。

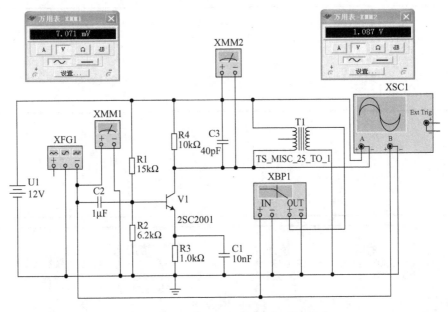

图2-31 单调谐回路谐振放大器电路图

3. 测试内容

1）测试放大器的静态工作点，判断晶体管的工作状态。

2）打开波特图仪，观察幅频特性，如图2-32所示，测试带宽。改变R_4的大小，通过波特图仪观察频带宽度的变化。

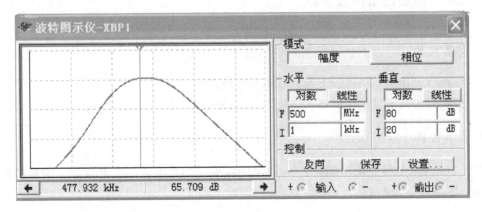

图2-32 单调谐回路谐振放大器幅频特性图

3）打开示波器，观察电路输入、输出波形，如图2-33所示，测试电压放大倍数。改变C_3的大小，通过示波器观察输出信号幅度的变化。

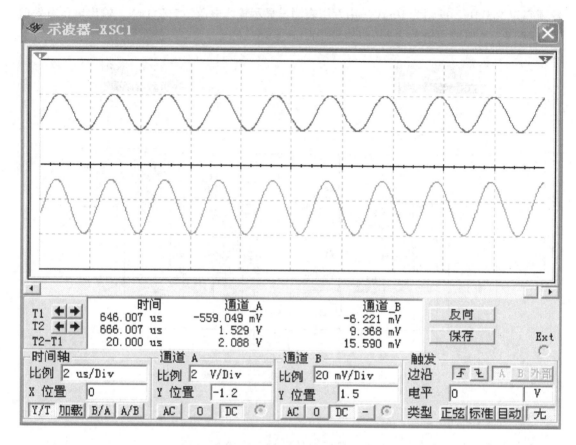

图 2-33 单调谐回路谐振放大器波形图

2.6.3 双调谐回路谐振放大器

1. 仿真目的

1）掌握双调谐回路谐振放大器的基本工作原理。
2）掌握谐振放大器电压增益、通频带、选择性的定义、计算与测试方法。

2. 仿真电路

打开 Multisim 软件，绘制如图 2-34 所示的双调谐回路谐振放大器电路，信号源频率为
465kHz，振幅为 10mV。

3. 测试内容

1）测试晶体管的静态工作点，并与理论值相比较。
2）调整放大器的谐振回路 C_2 和 L_1、C_4 和 L_2，使其分别谐振在输入信号的频率上。

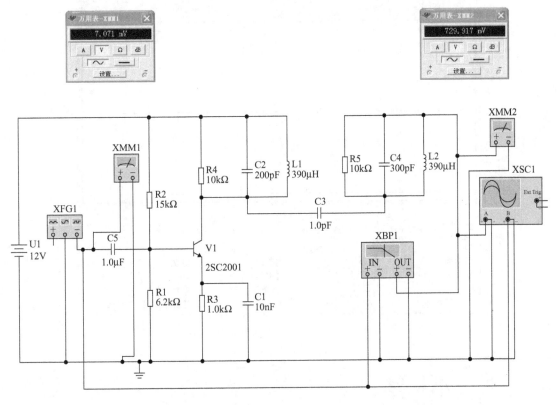

图 2-34 双调谐回路谐振放大器电路图

3）打开波特图仪，观察幅频特性，如图 2-35 所示，测量放大器的通频带 $BW_{0.7}$ 和矩形系数 $K_{0.1}$。

4）打开示波器，观察放大器输入、输出信号波形，如图 2-36 所示，测量电压增益 A_{uo}。

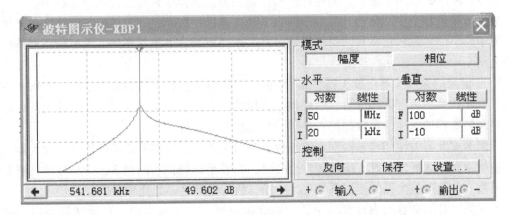

图 2-35 双调谐回路谐振放大器幅频特性图

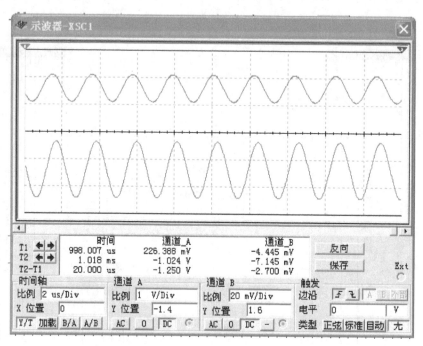

图 2-36　双调谐回路谐振放大器波形图

小　结

1. LC 谐振回路具有选频作用。当 LC 并联谐振回路谐振时，回路阻抗为纯电阻且为最大，可获得最大电压输出；当 LC 并联谐振回路失谐时，回路阻抗迅速下降，输出电压减小。LC 串联谐振回路谐振时，回路阻抗为纯电阻且为最小，通过电流最大；串联谐振回路失谐时，回路阻抗迅速上升，通过电流减小。

谐振回路的品质因数越高，回路谐振曲线越尖锐，选择性越好，但通频带越窄。

信号源和负载会使回路的有载品质因数下降，选择性变坏，同时使回路谐振频率产生偏移。为了减小信号源和负载对回路的影响，常采用变压器、电感分压器、电容分压器等阻抗变换电路。

2. 小信号谐振放大器由放大器件和 LC 谐振回路组成，具有选频放大作用，工作在甲类状态，主要技术指标有谐振增益、通频带、选择性。通频带和选择性是互相制约的，用以综合说明通频带和选择性的参数是矩形系数，它越接近 1 越好。

单调谐放大器的性能与谐振回路的特性有密切关系。回路的品质因数越高，放大器的谐振增益就越大，选择性越好，但通频带会变窄。在满足通频带的前提下，应尽量增大回路的品质因数。单调谐放大器的矩形系数 $K_{0.1} \approx 10$，故其选择性还是比较差的。

由于晶体管结电容的内反馈和电路中的寄生反馈，加之回路阻抗特性随频率的剧烈变化，易使谐振放大器工作不稳定，采用共射-共基组合电路可以提高放大器工作的稳定性。

3. 集中选频放大器由集成宽带放大器、集中选频滤波器构成，它具有接近理想矩形的幅频特性。

4. 放大器内部存在噪声，影响放大器对微弱信号的放大能力。放大器内部噪声主要是由电阻和晶体管等内部载流子运动的不规则所产生的。放大器的噪声用噪声系数（N_F）来评价，定义为输入端的信噪比（P_{si}/P_{ni}）与输出端的信噪比（P_{so}/P_{no}）的比值，噪声系数越接近于 1 越好。

习 题

2.1 已知并联谐振回路的 $L=1\mu H$，$C=20pF$，$Q=100$，求该并联谐振回路的谐振频率 f_0、谐振电阻 R_P 及通频带 $BW_{0.7}$。

2.2 并联谐振回路如图 2-37 所示，已知：$C=300pF$，$L=390\mu H$，$Q=100$，信号源内阻 $R_s=100k\Omega$，负载电阻 $R_L=200k\Omega$，求该回路的谐振频率、谐振电阻、通频带。

2.3 并联谐振回路如图 2-38 所示，已知：$C=360pF$，$L_1=280\mu H$，$Q=100$，$L_2=50\mu H$，$n=N_1/N_2=10$，$R_L=1k\Omega$。试求该并联回路考虑到 R_L 影响后的通频带及等效谐振电阻。

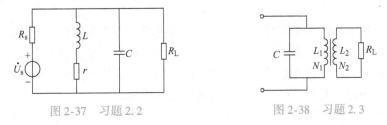

图 2-37 习题 2.2　　　　图 2-38 习题 2.3

2.4 并联谐振回路如图 2-39 所示，试求并联回路 2、3 两端的谐振电阻 R'_P。已知：

（1）如图 2-39a 所示，$L_1=100\mu H$、$L_2=10\mu H$、$M=4\mu H$，等效损耗电阻 $r=10\Omega$，$C=300pF$。（2）如图 2-39b 所示，$C_1=50pF$、$C_2=100pF$、$L=10\mu H$、$r=2\Omega$。

2.5 并联谐振回路如图 2-40 所示。已知：$f_0=10MHz$，$Q=100$，$R_s=12k\Omega$，$R_L=1k\Omega$，$C=40pF$，匝数比 $n_1=N_{13}/N_{23}=1.3$，$n_2=N_{13}/N_{45}=4$，试求谐振回路有载谐振电阻 R_e、有载品质因数 Q_e 和回路通频带 $BW_{0.7}$。

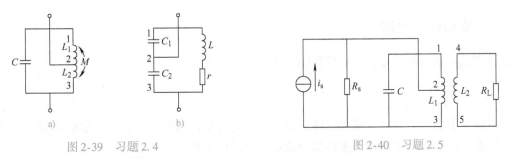

图 2-39 习题 2.4　　　　图 2-40 习题 2.5

2.6 单调谐放大器如图 2-12a 所示。中心频率 $f_0=30MHz$，晶体管工作点电流 $I_{EQ}=2mA$，回路电感 $L_{13}=1.4\mu H$，$Q=100$，匝数比 $n_1=N_{13}/N_{12}=2$，$n_2=N_{13}/N_{45}=3.5$，$G_L=1.2mS$、$G_{oe}=0.4mS$，试求该放大器的谐振电压增益及通频带。

第3章

高频振荡器

振荡器是一种能自动地将直流电源能量转换为一定波形的交变振荡信号能量的转换电路。它与放大器的区别在于这种转换电路不需外加激励信号，就能自行产生具有一定频率、波形和振幅的交流信号。

根据所产生的波形不同，可将振荡器分为正弦波振荡器和非正弦波振荡器两大类。前者能产生正弦波；后者能产生矩形波、三角波、锯齿波等。本章中仅介绍正弦波振荡器。

正弦波振荡器在电子技术领域中应用广泛。例如，在无线发送设备中，用正弦波振荡器产生运载信息的载波；在超外差式接收机中，产生作为接收信号变频或解调时所需的本地振荡信号；在电子测量仪器中，产生正弦波的基准信号源等。

常用的正弦波振荡器是"反馈型振荡器"，主要有 LC 振荡器、RC 振荡器和晶体振荡器等。其中 LC 振荡器和晶体振荡器用于产生高频正弦波，RC 振荡器用于产生低频正弦波。另外一类是"负阻型振荡器"，它是利用负阻器件所组成的电路来产生正弦波，主要用于微波通信领域。

3.1 反馈振荡器的工作原理

3.1.1 振荡器的组成

反馈式正弦波振荡器，至少应包括以下三个组成部分。

1. 放大电路

自激振荡器不但要对外输出功率，而且还要通过反馈网络，供给自身的输入激励信号功率。因此，必须有功率增益。振荡器由直流电源供给能量。

2. 反馈、选频网络

自激振荡器必须工作在某一固定的频率上。一般在放大器的输出端接有一个决定频率的网络，即只有在指定的频率上，通过输出网络及反馈网络，才有闭环 360° 相移的正反馈，其他频率不满足正反馈的条件。

3. 稳幅环节

自激振荡器必须能自行起振，即在接通电源后，振荡器能从最初的暂态过渡到最后的稳态，并保持一定幅度的波形。

正弦波振荡器的组成框图如图 3-1 所示。

对于正弦波振荡器的要求是，具有较高的振荡频率、振荡幅度的准确性和稳定度。

图 3-1 正弦波振荡器的组成框图

3.1.2 振荡条件

1. 振荡的平衡条件

如图 3-1 所示，用 $\dot{A}$ 表示放大电路的放大倍数，用 $\dot{F}$ 表示反馈网络的反馈系数，$\dot{X}_i$ 表示输入信号，$\dot{X}_o$ 表示输出信号，$\dot{X}_f$ 表示反馈信号。根据电路放大倍数的定义，有

$$\dot{A} = \frac{\dot{X}_o}{\dot{X}_i}; \quad \dot{F} = \frac{\dot{X}_f}{\dot{X}_o}$$

当反馈信号 $\dot{X}_f$ 等于放大器的输入信号 $\dot{X}_i$ 时，或者说 $\dot{X}_f$ 恰好等于产生输出电压所需的输入电压 $\dot{X}_i$，这时振荡电路的输出电压不再发生变化，电路达到平衡状态。

所以 $$\dot{A}\dot{F} = 1 \tag{3-1}$$

这就是正弦波振荡器的平衡条件，包括振幅平衡条件和相位平衡条件两个方面。

（1）相位平衡条件 $\quad \varphi_A + \varphi_F = 2n\pi (n = 0, 1, 2, 3, \cdots)$ $\tag{3-2}$

放大器与反馈网络的总相移必须等于 2π 的整数倍，使反馈信号与输入信号相位相同，形成正反馈。

（2）振幅平衡条件 $\quad |\dot{A}\dot{F}| = 1$ $\tag{3-3}$

放大器与反馈网络构成的闭合环路中，其环路传输系数应等于 1，以使反馈信号与输入信号大小相等。

2. 振荡的起振条件

振幅平衡条件式(3-3) 表明，假如振荡电路已经有一个稳定的输出，只要平衡条件式(3-3) 满足，振荡电路就能维持该输出不变。现在的问题是振荡电路接通电源以前以及接通电源的瞬间，其输出为零，过了一段时间之后输出电压才达到稳定值，输出电压从零变化到稳定值显然有一个逐渐升高的过程，这个过程称为振荡电路的起振。起振过程中，输出电压不断升高，这时反馈系数和放大倍数幅值的乘积就不能等于 1，而应该大于 1，即 $|\dot{A}\dot{F}| > 1$，称为振幅起振条件，相位起振条件和相位平衡条件是一致的（正反馈），即 $\varphi_A + \varphi_F = 2n\pi (n = 0, 1, 2, 3, \cdots)$。

3.2　　*LC* 正弦波振荡器

选频网络采用 *LC* 谐振回路的反馈式正弦波振荡器称为 *LC* 正弦波振荡器，常用的有变压器反馈式振荡器和三点式振荡器。

1. 变压器反馈式振荡器

图 3-2a 所示为变压器反馈式振荡器，图 3-2b 为其交流等效电路。图中反馈电压通过变压器二次绕组耦合经电容到晶体管基极，反馈的极性决定于变压器绕组同名端的极性，按图中所示的同名端方向，所形成的反馈为正反馈，可用瞬时极性法判别如下：假设初始时刻基极电压极性为正，则集电极电压极性为负，变压器二次绕组上端对地输出为正，因此耦合到晶体管基极的电压极性为正，与原极性相同，形成正反馈。

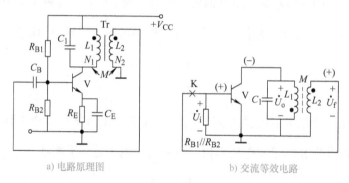

a) 电路原理图　　　　　　　b) 交流等效电路

图 3-2　变压器反馈式振荡器

变压器反馈式振荡器的振荡频率近似为 C_1、L_1 并联谐振回路的谐振频率，即

$$f_0 \approx \frac{1}{2\pi\sqrt{L_1 C_1}} \tag{3-4}$$

变压器反馈式振荡器容易起振，输出电压幅度较大，结构简单，调节频率方便，且调节频率时输出电压变化不大，因此在一般广播收音机中常用作本地振荡器。但是工作在高频段时，分布电容影响较大，输出波形含有杂波，频率稳定性也差，因此，在高频段很少采用。

例 3-1　试分析图 3-3a 所示电路能否满足相位条件。

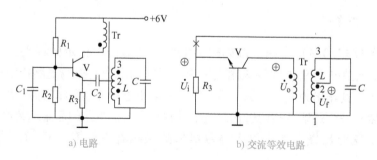

a) 电路　　　　　　　　　b) 交流等效电路

图 3-3　例 3-1 图

解：由图 3-3a 可见，R_1、R_2 组成分压式直流偏置电路，晶体管 V 与变压器 Tr 等组成放大电路，C_1 为基极旁路电容，C_2 为发射极耦合电容，它们在工作频率上容抗近似为 0，所以，电路的交流等效电路如图 3-3b 所示，放大器构成共基放大电路，LC 回路构成反馈选频网络。

因为共基放大电路是同相放大器，按照图中变压器同名端方向，根据瞬时极性法，可以判断电路满足振荡的相位平衡条件，所以，图 3-3 电路有可能产生振荡，振荡频率由 LC 谐振回路决定。由于共基电路输入阻抗很小，为了减小它对 LC 谐振回路的影响，故反馈线圈的匝数远小于二次绕组的总匝数。另外，由于共基电路的内反馈比较小，所以共基振荡电路能产生稳定的高频振荡。

2. 三点式振荡器的工作原理

三点式振荡器是指晶体管的三个电极分别与 LC 谐振回路的三个端点连接组成的一种振荡器。三点式振荡器的基本结构如图 3-4a 所示，图中 X_1、X_2、X_3 三个电抗元件构成 LC 谐振回路，它既是晶体管的集电极负载，又是正反馈选频网络。$\dot{U}_i$ 是放大器的输入电压，$\dot{U}_o$ 是放大器的输出电压，$\dot{U}_f$ 是反馈电压。

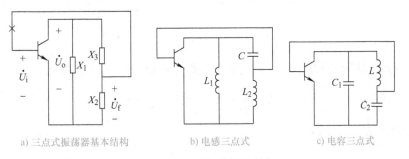

a) 三点式振荡器基本结构   b) 电感三点式   c) 电容三点式

图 3-4　三点式振荡器的结构

忽略电抗元件的损耗及晶体管输入、输出阻抗的影响，当 LC 回路谐振时，回路呈纯电阻性质，即 $X_1 + X_2 + X_3 = 0$，$X_2 + X_3 = -X_1$，那么有

$$\dot{U}_f = \dot{U}_o \frac{jX_2}{jX_2 + jX_3} = \dot{U}_o \frac{jX_2}{-jX_1}$$

所以，三点式振荡器的反馈系数为

$$\dot{F} = \dot{U}_f / \dot{U}_o = -\frac{X_2}{X_1} \tag{3-5}$$

要使 $\dot{U}_f$ 与 $\dot{U}_o$ 反相，电抗 X_1 与 X_2 必须为同性质的电抗元件，即同为电感元件或同为电容元件。再由 $X_1 + X_2 + X_3 = 0$ 可知，X_3 必须与 X_1（X_2）异性质。

综上所述，三点式振荡器组成法则为：接在发射极与集电极、发射极与基极之间的为同性质电抗，接在基极与集电极之间的为异性质电抗。简单地说，与发射极相连的为同性质电抗，不与发射极相连的为异性质电抗。所以，构成三点式振荡器的基本形式有两种，分别为电感三点式和电容三点式，如图 3-4b、c 所示。电感三点式电路的反馈电压取自电感，电容三点式电路的反馈电压取自电容。

如上所述，振荡电路中的晶体管接成共发射极形式，如果接成共基极形式，则组成法则仍可适用，即与发射极相连的为同性质电抗，不与发射极相连的为异性质电抗。

3. 电感三点式振荡器

电感三点式振荡器又称哈脱莱（Hartley）振荡器，电路如图 3-5a 所示。图中 R_{B1}、R_{B2}、R_E 组成分压式直流偏置电路，C_E 为发射极旁路电容，C_B、C_C 分别为基极、集电极隔直电容，R_C 为集电极负载电阻，C 和 L_1、L_2 为并联谐振回路。电路的交流通路如图 3-5b 所示，可见，它是电感三点式振荡器。

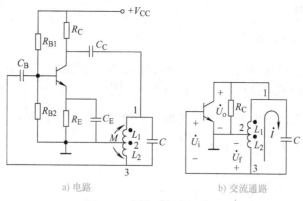

a) 电路   b) 交流通路

图 3-5 电感三点式振荡器

根据三点式振荡器组成法则，可以判断电路满足振荡的相位条件，因此，电路的振荡频率为

$$f_0 \approx \frac{1}{2\pi\sqrt{(L_1 + L_2 + 2M)C}} \tag{3-6}$$

式中，M 为电感 L_1、L_2 的互感。

振荡器的反馈系数为

$$\dot{F} = \dot{U}_f / \dot{U}_o = -\frac{X_2}{X_1} = -\frac{L_2 + M}{L_1 + M} \tag{3-7}$$

电感三点式振荡器的优点是容易起振，另外，改变谐振回路的电容 C，可方便地调节振荡频率。但由于反馈信号取自电感 L_2 的两端压降，而 L_2 对高次谐波呈现高阻抗，故不能抑制高次谐波的反馈，因此，振荡器输出信号中的高次谐波成分较大，信号波形较差，并且振荡频率不宜很高，一般最高只能为几十兆赫。

4. 电容三点式振荡器

电容三点式振荡器又称考毕兹（Colpitts）振荡器，电路如图 3-6a 所示，图 3-6b 是它的交流通路。

电路中 C_1、C_2 与发射极相连，L 不与发射极相连，满足三点式振荡器电路组成法则，故满足振荡的相位平衡条件。电路的振荡频率为

$$f_0 \approx \frac{1}{2\pi\sqrt{LC}} \tag{3-8}$$

式中，$C = C_1 C_2 / (C_1 + C_2)$，为并联谐振回路串联总电容值。

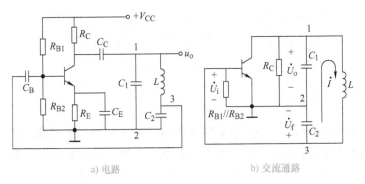

a) 电路　　　　　　　　　　b) 交流通路

图 3-6　电容三点式振荡器

振荡器的反馈系数为

$$\dot{F} = \dot{U}_f / \dot{U}_o = -\frac{X_2}{X_1} = -\frac{C_1}{C_2} \tag{3-9}$$

C_1/C_2 不宜过大，一般可取 $C_1/C_2 = 0.1 \sim 0.5$，或通过调试决定。

电容三点式振荡器的反馈信号取自电容 C_2 两端，因为电容对高次谐波呈现较小的容抗，反馈信号中高次谐波分量小，故振荡波形好，振荡频率很高，可以达到 100MHz 以上。但当通过改变 C_1 或 C_2 来调节振荡频率时，同时会改变正反馈量的大小，因而会使输出信号幅度发生变化，甚至会使振荡器停振。所以电容三点式振荡电路频率调节很不方便，故适用于频率调节范围不大的场合。

例 3-2　图 3-7a 所示为一种典型的电容三点式振荡电路。判断电路能否起振，如果能起振，求振荡频率。

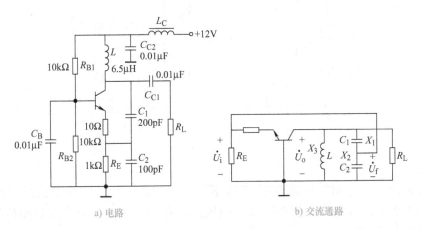

a) 电路　　　　　　　　　　b) 交流通路

图 3-7　例 3-2 图

解：图中，L_C、C_{C2} 为直流电源滤波器，R_{B1}、R_{B2}、R_E 为直流偏置电阻，C_B 为基极旁路电容，使基极交流接地，C_1、C_2、L 构成谐振回路，R_L 为外接负载电阻。其交流通路如图 3-7b 所示，由图可见，在回路谐振频率上，共基放大器的输出电压 $\dot{U}_o$ 与输入电压 $\dot{U}_i$ 同相，而反馈电压 $\dot{U}_f$ 是经电容分压获得，故与 $\dot{U}_o$ 同相，所以与 $\dot{U}_i$ 同相，满足振荡的相位平衡条件。或者用三点式振荡器组成法则来判断，由已知电路参数，可求得电路的振荡频率为

$$f_0 \approx \frac{1}{2\pi \sqrt{L \dfrac{C_1 C_2}{C_1 + C_2}}} = \frac{1}{2\pi \sqrt{6.5 \times 10^{-6} \times \dfrac{200 \times 100}{200 + 100} \times 10^{-12}}} \text{Hz}$$

$$= 7.65 \times 10^6 \text{Hz} = 7.65 \text{MHz}$$

5. 改进型电容三点式振荡器

考毕兹电路中，由于晶体管极间存在寄生电容，它们均与谐振回路并联，会使振荡频率发生偏移，而且晶体管极间电容的大小会随晶体管工作状态变化而变化，这将使振荡频率不稳定。为了减小晶体管极间电容的影响，可采用图 3-8a 所示的克拉泼（Clapp）电路，它为改进型电容三点式振荡电路。与前述电容三点式振荡电路相比较，仅在谐振回路电感支路中增加了一个电容 C_3。其取值比较小，要求 $C_3 \ll C_1$，$C_3 \ll C_2$。图 3-8b 为其简化交流通路（不考虑电阻），图中 C_{ce}、C_{be}、C_{cb} 分别为晶体管 C、E 和 B、E 及 C、B 之间的极间电容，它们都并接在 C_1、C_2 上，而不影响 C_3 的值，因此，由图可知谐振回路的总电容量为

$$C = \frac{1}{\dfrac{1}{C_1} + \dfrac{1}{C_2} + \dfrac{1}{C_3}} \approx C_3 \tag{3-10}$$

式中略去了晶体管极间电容的影响，因此，并联谐振回路的谐振频率 f_0 近似等于

$$f_0 \approx \frac{1}{2\pi \sqrt{LC}} = \frac{1}{2\pi \sqrt{LC_3}} \tag{3-11}$$

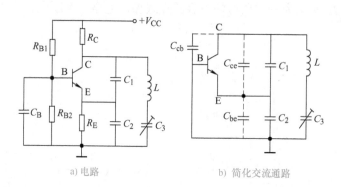

a) 电路　　　　　　　　　　b) 简化交流通路

图 3-8　克拉泼振荡器

由此可见，C_1、C_2 对振荡频率的影响显著减小，那么与 C_1、C_2 并接的晶体管极间电容的影响也就很小了，C_3 越小，振荡频率的稳定度就越高。但是，为了满足相位平衡条件，L、C_3 串联支路应呈感性，所以实际振荡频率必略高于 L、C_3 支路串联谐振频率。谐振回路中接入 C_3 后，振荡频率稳定度提高了，改变 C_3 反馈系数可保持不变，但谐振回路接入 C_3 后，使晶体管输出端（C、E）与回路的耦合减弱，晶体管的等效负载减小，放大器的放大倍数下降，振荡器输出幅度减小。C_3 越小，放大倍数越小，如 C_3 过小，振荡器因不满足振幅起振条件会停止振荡。

例 3-3　一实用 LC 振荡电路如图 3-9a 所示，试分析该电路，并求出振荡频率。

解：该电路采用负电源供电，C_2、C_3、L_{C1} 构成直流电源滤波器，R_1、R_2、R_4 为晶体管

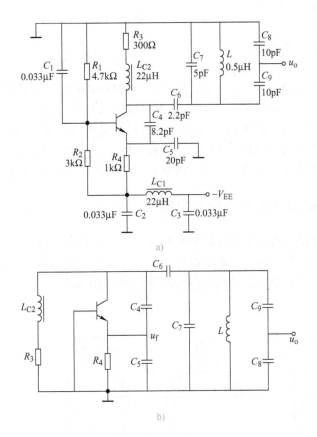

图 3-9 例 3-3 图

的直流偏置电路，用以确定静态工作点。R_3、L_{C2} 构成放大器的负载，L_{C2} 为高频扼流圈。C_1 为基极旁路电容，C_8、C_9 为输出电容分压器，以减小实际负载对谐振回路的影响。

该电路的交流通路如图 3-9b 所示，图中 C_4、C_5 构成正反馈电路，反馈电压取自 C_5 两端，构成改进型电容三点式振荡电路。

$C_{4\sim9}$ 与 L 构成谐振回路，它与克拉泼振荡器的区别在于电感线圈两端又并上 C_7、C_8、C_9 等电容，该电路又称为西勒（Seiler）电路。

由图 3-9b 可得谐振回路的总电容为

$$C = \frac{1}{\dfrac{1}{C_4} + \dfrac{1}{C_5} + \dfrac{1}{C_6}} + C7 + \frac{1}{\dfrac{1}{C_8} + \dfrac{1}{C_9}}$$

$$= \left(\frac{1}{\dfrac{1}{8.2} + \dfrac{1}{20} + \dfrac{1}{2.2}} + 5 + \frac{1}{\dfrac{1}{10} + \dfrac{1}{10}} \right) \text{pF} = 11.6\text{pF}$$

振荡频率为

$$f_0 = \frac{1}{2\pi\sqrt{LC}} = \frac{1}{2\pi\sqrt{0.5 \times 10^{-6} \times 11.6 \times 10^{-12}}} \text{Hz} = 66\text{MHz}$$

3.3 石英晶体振荡器

LC 振荡电路的优点是振荡频率较高，可以达到 100MHz 以上，缺点是频率稳定性不高，即使采取稳频措施后，频率稳定度（$\Delta f / f_0$）也只能达到 10^{-5}。为了进一步提高振荡频率的稳定度，可以采用石英晶体作为选频网络，构成石英晶体振荡器。其频率稳定度可以达到 $10^{-6} \sim 10^{-8}$，一些产品甚至可以达到 $10^{-10} \sim 10^{-11}$，因此它广泛应用于要求频率稳定度高的设备中，例如标准频率发生器、脉冲计数器和电子计算机的时钟信号发生器等。

3.3.1 石英晶体的基本特性与等效电路

将二氧化硅晶体按一定的方向切割成很薄的晶片，再在晶片的两个表面涂覆银层并作为两极引出引线，加以封装，即成为石英晶体谐振器，简称石英晶体。石英晶体谐振器已经制成各种规格的产品，石英晶体的结构、电路符号如图 3-10 所示。

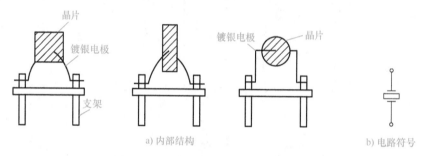

图 3-10　石英晶体谐振器的结构与符号

石英晶片之所以能做成谐振器，是因为它具有压电效应和反压电效应。当机械力作用于晶片时，晶片两面将产生电荷；反之，当在晶片两面加不同极性的电压时，晶片的几何尺寸将压缩或伸长。因此，当石英晶体谐振器两端加上高频交流电压时，如图 3-11a 所示，晶片将随交流信号的变化而产生机械振动。晶片本身有一固有的机械振动频率，频率的高低取决于晶片的几何尺寸、形状和切割方位，若外加高频交流信号频率与晶片固有机械振动频率相等时，将产生谐振，此时机械振动最强，外电路高频电流也最大。

图 3-11b 所示为石英晶体谐振器的等效电路，图中 C_0 是晶片的静态电容，相当于一个平板电容，即由晶片作介质，镀银电极和支架引线作极板所构成的电容，其值大小与晶片的几何尺寸和电极的面积有关，一般在几皮法到十几皮法

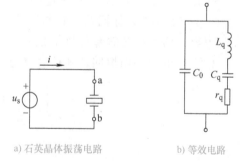

图 3-11　石英晶体谐振器

之间。L_q、C_q、r_q 分别为晶片振动时的等效动态电感、动态电容和摩擦损耗。L_q 很大，为几十毫亨到几百毫亨；C_q 很小，为百分之几皮法；r_q 为几欧到几百欧。所以，石英晶体谐振器的品质因数 Q 很高，一般可达 10^5 数量级以上。由于石英晶体的机械性能十分稳定，因

此，用石英晶体谐振器作为选频网络构成振荡器会有很高的回路标准性，因而有很高的频率稳定度。

石英晶体谐振器的等效电抗与频率的关系曲线如图 3-12 所示。当频率很低时，感抗接近于零，而容抗增大，等效电路为 C_q 与 C_0 并联，等效电路呈容性。当 $f = f_S$ 时，$L_q \sim C_q$ 支路发生串联谐振，$X = 0$；当 $f = f_P$ 时，发生并联谐振，此时 $X \to \infty$；当 $f > f_P$ 以后，等效电路呈容性，由图 3-12 可见，石英晶体谐振器有两个谐振频率 f_S 和 f_P，在 f_S 和 f_P 之间石英晶体谐振器等效为电感，而在 $f < f_S$ 或 $f > f_P$ 频率范围等效为电容。

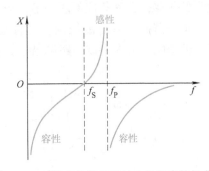

图 3-12 石英晶体谐振器的电抗频率特性曲线

由图 3-11b 可求得石英晶体串联谐振频率 f_S 和并联谐振频率 f_P 为

$$f_S = \frac{1}{2\pi\sqrt{L_q C_q}} \tag{3-12}$$

$$f_P = \frac{1}{2\pi\sqrt{L_q \dfrac{C_0 C_q}{C_0 + C_q}}} = f_S \sqrt{1 + \frac{C_q}{C_0}} \tag{3-13}$$

因为 $C_q \ll C_0$，所以 f_S 和 f_P 相差很小，这使得 f_S 和 f_P 之间等效电感的电抗频率特性曲线非常陡峭。实用中，石英晶体谐振器就工作在这一频率范围狭窄的电感区内，正由于电感区内电抗频率特性曲线有非常陡峭的斜率，有很高的 Q 值，从而具有很强的稳频作用，一般不用电容区。

3.3.2 石英晶体振荡电路

石英晶体振荡器基本电路有并联型晶体振荡器和串联型晶体振荡器两类。在并联型晶体振荡器中，用晶体置换电路的电感元件，晶体振荡器工作频率在 f_S 和 f_P 之间；在串联型晶体振荡器中，振荡器工作在串联谐振频率 f_S 上，晶体呈低阻抗，起选频短路作用。

1. 并联型石英晶体振荡器

图 3-13 所示为并联型石英晶体振荡电路及其交流等效电路。图中石英晶体与外部电容 C_1、C_2、C_3 构成改进型电容三点式振荡器，又称为皮尔斯（Pierce）振荡电路。C_3 用来微调电路的振荡频率，使振荡器振荡在石英晶体的标称频率上，C_1、C_2、C_3 串联组成石英晶体的负载电容 C_L。

2. 串联型晶体振荡器

图 3-14 所示为串联型石英晶体振荡电路及其交流等效电路。图中石英晶体串接在正反馈通路内。由交流通路可见，将石英晶体短接，就构成了电容三点式振荡电路。当反馈信号

的频率等于石英晶体串联谐振频率时，石英晶体阻抗最小，且为纯电阻，此时正反馈最强，电路满足振荡的相位条件而产生振荡；当偏离串联谐振频率时，石英晶体阻抗迅速增大并产生较大的相移，振荡条件不能满足，因而不能产生振荡。可见，这种振荡器的振荡频率受石英晶体串联谐振频率 f_S 的控制，具有很高的频率稳定度。为了减小 L、C_1、C_2 回路对频率稳定度的影响，要求将该回路调谐在石英晶体的串联谐振频率上。

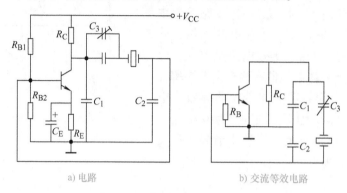

a) 电路　　　　　　　　　　　b) 交流等效电路

图 3-13　并联型石英晶体振荡器

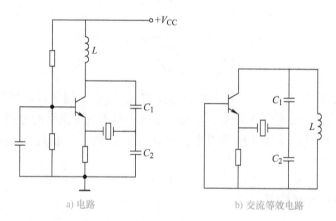

a) 电路　　　　　　　　　　　b) 交流等效电路

图 3-14　串联型石英晶体振荡器

3. 泛音晶体振荡器

在外加交变电压的作用下，石英晶片产生机械振动，其中除了基频的机械振动外，还有许多奇次（3 次、5 次、……）频率的机械振动，这些机械振动（谐波）统称为泛音。晶片不同频率的机械振动，可以分别用一个 LC 串联谐振回路来等效，如图 3-15 所示。

石英晶体谐振器频率越高，石英晶片的厚度越薄。频率很高时，晶片的厚度太薄，加工困难，且机械强度差，容易振碎。因此一般晶体振荡频率最高不超过 25MHz，为了获得更高的振荡频率，可采用泛音晶体振荡器。

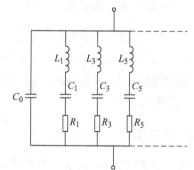

图 3-15　含泛音频率的石英晶体等效电路

图 3-16a 所示是一种并联型泛音晶体振荡电路的交流通路。如果电路的振荡频率是基频的 5 次泛音，则 L_1C_1 回路应调谐在 3 次和 5 次泛音之间。这样，当频率低于 L_1C_1 并联谐振频率时，由图 3-16b 可见，L_1C_1 回路呈感性，不满足三点式振荡电路的相位平衡条件，所以不能产生振荡。

而对于比 5 次泛音高的 7 次及其以上泛音来说，L_1C_1 回路呈容性，但等效容抗非常小，反馈系数太小，不满足振荡电路的起振条件，也不能产生振荡。若将 L_1C_1 回路调谐在 5 次和 7 次泛音之间，则该电路可以在 7 次泛音上产生振荡。

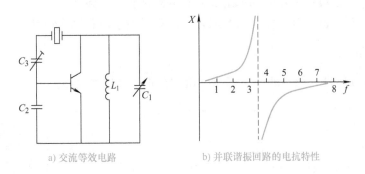

a) 交流等效电路   b) 并联谐振回路的电抗特性

图 3-16　并联型泛音晶体振荡电路

3.3.3　石英晶体谐振器使用注意事项

晶体振荡器具有很高的频率稳定度，但必须正确使用石英晶体，才能充分发挥它的稳频作用，若使用不当，不但达不到预期效果，还会损坏石英晶体。正确使用石英晶体必须注意下列事项：

1）石英晶体出厂时外壳印有标称频率，这个频率一般介于串联谐振频率与并联谐振频率之间。当晶体工作于标称频率时，频率稳定度最高。标称频率是在石英晶体两端并联负载电容条件下测得的，实际使用时负载电容必须符合规定的数值。为了保持晶体振荡器的稳定性和抵消电路中分布参数的影响，这个电容大都采用微调电容，以便调整。

2）在并联型晶体振荡器中，晶体起等效电感的作用，可以从感性区接近串联谐振频率点，容性区是不能使用的，因为石英晶片失效后静态电容（C_0）还存在，电路仍可能满足振荡条件而振荡，但石英晶体已失去稳频作用。

3）石英晶体的激励电平应在规定范围内。激励电平过大，石英晶体消耗的功率增加，晶体温度升高，石英晶片的老化效应和频率漂移增大，频率稳定度显著变差，甚至会因振动过强，将晶片振碎；激励电平过小，将使振荡器输出很小，严重时，甚至不能维持正常振荡。

4）由于石英晶体在一定的温度范围内才具有很高的频率稳定度，因此当频率稳定度要求高时，应采用恒温设备。

5）晶体振荡器中一块晶体只能稳定一个频率，当要求在波段中得到可选择的多个频率时，就要求采取其他措施，如频率合成器。

3.4 仿真实训

3.4.1 *LC* 正弦波振荡器

1. 仿真目的

1）掌握 *LC* 正弦波振荡器的基本组成、起振条件和平衡条件。

2）掌握 *LC* 正弦波振荡电路的基本原理，计算反馈系数和振荡频率。

2. 仿真电路

打开 Multisim 软件，绘制如图 3-17 所示的 *LC* 正弦波振荡电路。

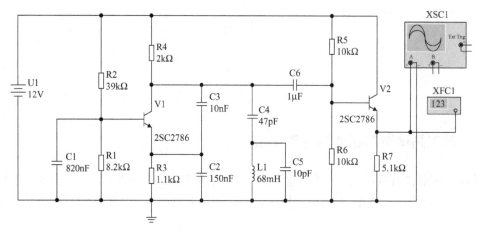

图 3-17　*LC* 正弦波振荡器

3. 测试内容

1）打开频率计，观测振荡频率，如图 3-18 所示，并与理论计算值相比较。

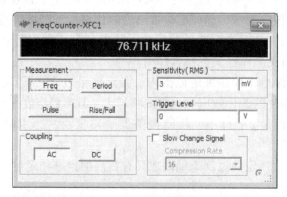

图 3-18　*LC* 正弦波振荡器振荡频率

2）打开示波器，观测输出信号波形，如图 3-19 所示，改变放大器的静态工作点、反馈系数，观察这些改变对振荡器的影响。

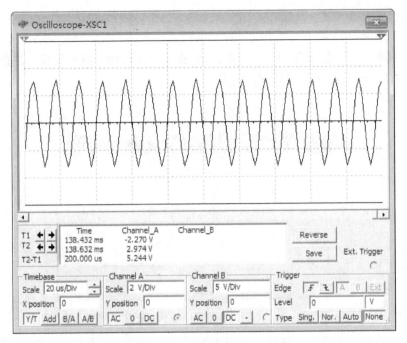

图 3-19　*LC* 正弦波振荡器波形图

3.4.2　石英晶体振荡器

1. 仿真目的

1）掌握晶体振荡器的基本工作原理。

2）研究外界条件（电源电压、负载变化）对振荡器频率稳定度的影响。

2. 仿真电路

打开 Multisim 软件，绘制如图 3-20 所示的石英晶体振荡电路。

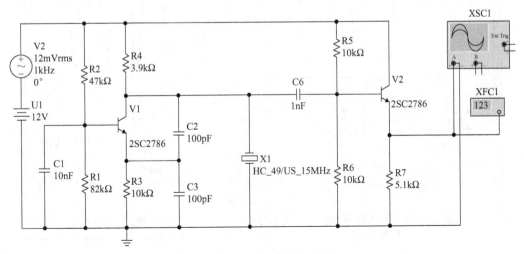

图 3-20　石英晶体振荡器

3. 测试内容

1）打开频率计，观测振荡频率，如图 3-21 所示，并与理论值相比较。在直流电源上叠加微变交流电压，观察振荡器的频率稳定度。

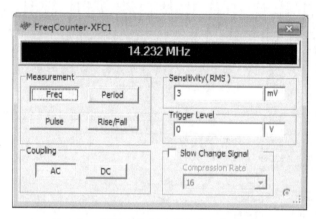

图 3-21　石英晶体振荡器振荡频率显示图

2）打开示波器，观测振荡波形，如图 3-22 所示，改变 C_4 电容值、改变反馈系数，观察振荡器的情况。

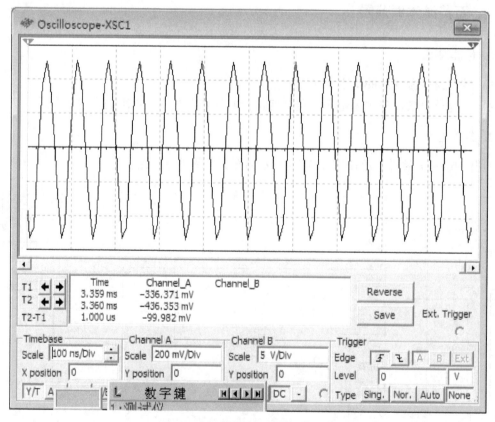

图 3-22　石英晶体振荡器振荡波形

小　结

1. 正弦波振荡器用于产生一定频率和幅度的正弦波信号。按组成选频网络元件的不同，可分为 LC、RC 和石英晶体振荡器三类；按组成原理不同，可分为反馈和负阻振荡器。

2. 反馈式正弦波振荡器是利用选频网络，通过正反馈产生自激振荡的，它的振荡相位平衡条件为 $\varphi_A + \varphi_F = 2n\pi(n=0,1,2,\cdots)$。

振幅平衡条件为　　　　　　　　　　$|\dot{A}\dot{F}| = 1$

振荡的起振条件为　　$\varphi_A + \varphi_F = 2n\pi(n=0,1,2,\cdots)$，$|\dot{A}\dot{F}| > 1$

3. LC 振荡器有变压器反馈式、电感三点式及电容三点式等电路，其振荡频率近似等于 LC 谐振回路的谐振频率。振荡频率由 LC 谐振回路决定。克拉泼与西勒电路是改进型的实用电容三点式振荡电路，它们输出波形好。

4. 石英晶体振荡器是采用石英晶体谐振器构成的振荡器，其振荡频率的准确性和稳定性很高。石英晶体振荡器有并联型和串联型振荡电路。并联型晶体振荡器中，石英晶体的作用相当于一个高 Q 值电感；串联型晶体振荡器中，石英晶体的作用相当于一个高选择性的短路元件。为了提高晶体振荡器的振荡频率，可采用泛音晶体振荡器。

习　题

3.1　分析图 3-23 所示电路，标明变压器二次绕组的同名端，使之满足相位平衡条件，并求出振荡频率。

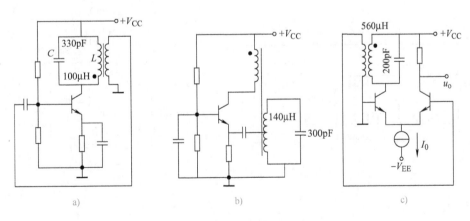

图 3-23　习题 3.1

3.2　根据振荡的相位平衡条件，判断图 3-24 所示电路能否产生振荡。在能产生振荡的电路中，求出振荡频率的大小。

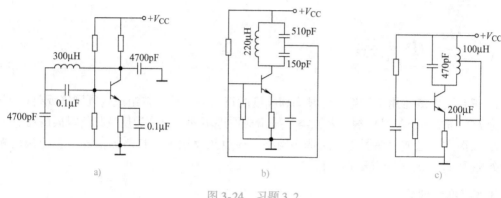

图 3-24　习题 3.2

3.3　振荡器如图 3-25 所示，它们是什么类型的振荡器？有何优点？计算各电路的振荡频率。

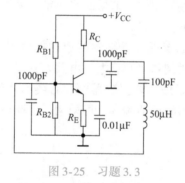

图 3-25　习题 3.3

3.4　分析图 3-26 所示各振荡电路，画出交流通路，说明电路的特点，并计算振荡频率。

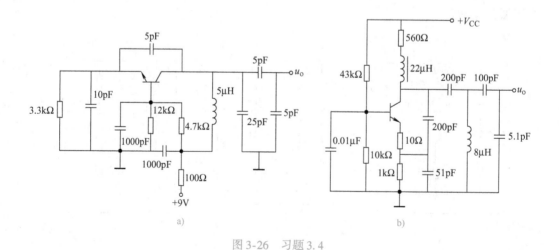

图 3-26　习题 3.4

3.5　若石英晶片的参数为 $L_q = 19.5H$，$C_q = 2.1 \times 10^{-4} pF$，$C_0 = 5pF$，$r_q = 110\Omega$。试求：（1）串联谐振频率 f_S；（2）并联谐振频率 f_P；（3）晶体的品质因数 Q。

3.6 画出图 3-27 所示各晶体振荡器的交流通路，并指出电路类型。

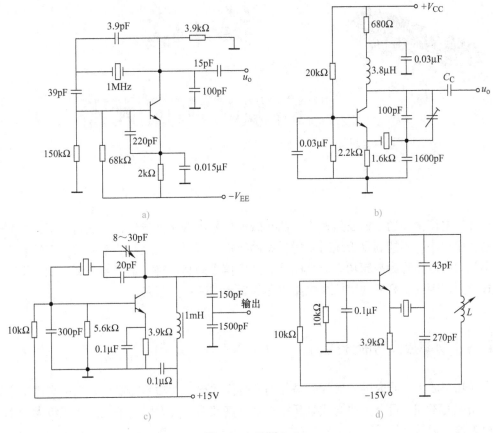

图 3-27 习题 3.6

3.7 图 3-28 所示为 3 次泛音晶体振荡器，输出频率为 5MHz，试画出振荡器的交流通路，说明 LC 回路的作用，输出信号为什么由 V_2 输出？

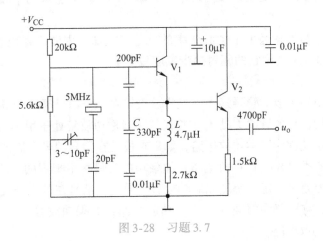

图 3-28 习题 3.7

第4章

高频功率放大器

在无线电广播和通信的发射机中，高频载波信号由振荡器产生，一般情况下，高频载波信号的功率很小，不能满足天线对发射功率的要求，需要对它进行功率放大。在发射机中完成功率放大的电路称为高频功率放大电路。高频信号的基本特征是其频率高，能以无线电波的形式发射，因此，高频功率放大电路也称为射频功率放大电路。

4.1 功率放大器的分类

高频功率放大器研究的主要问题是如何获得高效率、大功率的输出。根据高频功率放大器输出功率的不同，可分为便携式毫瓦级小功率高频功率放大器、千瓦或兆瓦级大功率高频功率放大器。根据采用的负载不同，高频功率放大器可分为窄带功率放大器和宽带功率放大器。窄带功率放大器是以选频网络为负载，因此又把它称为谐振功率放大器。宽带功率放大器是以宽带传输线变压器为负载，因此又把它称为非谐振功率放大器。宽带功率放大器可解决窄带功率放大器难于迅速变换选频网络中心频率的问题。但宽带功率放大器的负载不具有滤波能力。

所谓窄带信号是指带宽远小于中心频率的信号。例如，中波广播电台的带宽为10kHz，如果中心频率为1000kHz，则它的相对频带宽度只有1%。

按功率放大管（简称为功放管）导通角的不同，高频功率放大器可分为甲类、乙类、丙类、丁类等。所谓功率放大管导通角，是指放大管在一个信号周期内导通时间的长短。如果在信号的正负半周，功放管始终处于导通状态，则称功放管处于甲类（A类）工作状态，所组成的功放电路也就称为甲类功放电路；如果功放管在信号的半个周期内截止，半个周期内导通，称电路为乙类（B类）功放电路；如果功放管只在正半周的一小部分时间内导通，即只有正半周的信号超过一定的幅度以后功放管才导通，信号在负半周及正半周输入信号幅度较小时均不导通，称电路为丙类（C类）功放电路；如果功放管工作在开关状态，称电路为丁类（D类）功放电路。

实践证明，功率放大器工作在甲类状态效率最低，乙类状态效率比甲类高，丙类状态效率更高，为了获得高效率，高频功率放大器通常工作在丙类状态。

4.2　丙类谐振功率放大器的工作原理与特性分析

4.2.1　丙类谐振功率放大器的工作原理

1. 电路组成

丙类谐振功率放大器原理电路如图 4-1 所示。图中 V_{CC}、V_{BB} 为集电极和基极的直流电源电压。为使晶体管工作在丙类状态，V_{BB} 应设在晶体管的截止区内。当没有输入信号 u_i 时，晶体管处于截止状态，$i_C = 0$，R_L 为外接负载电阻（但实际情况下，外接负载一般为阻抗性的），L、C 为滤波匹配网络，它们与 R_L 构成并联谐振回路，调谐在输入信号频率上，作为晶体管集电极负载。由于 R_L 比较大，所以，谐振功率放大器中谐振回路的品质因数比小信号谐振放大器中谐振回路的品质因数要小得多，但这并不影响谐振回路对谐波成分的抑制作用。

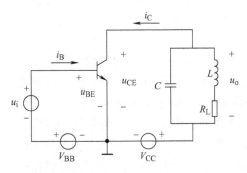

图 4-1　谐振功率放大器原理电路

2. 电流、电压波形

当基极输入一余弦高频信号 u_i 后，晶体管基极和发射极之间的电压为

$$u_{BE} = V_{BB} + u_i = V_{BB} + U_{im}\cos\omega t \tag{4-1}$$

其波形如图 4-2a 所示。当 u_{BE} 的瞬时值大于基极和发射极之间的导通电压 $u_{BE(on)}$ 时，晶体管导通，产生基极脉冲电流 i_B，如图 4-2b 所示。

基极导通后，晶体管便由截止区进入放大区，集电极将流过电流 i_C，与基极电流 i_B 相对应，i_C 也是脉冲形状，如图 4-2c 所示。将 i_C 用傅里叶级数展开，则得

$$i_C = I_{C0} + I_{c1m}\cos\omega t + I_{c2m}\cos2\omega t + \cdots + I_{cnm}\cos n\omega t \tag{4-2}$$

式中，I_{C0} 为集电极电流直流分量；I_{c1m}、I_{c2m}、$\cdots$、I_{cnm} 分别为集电极电流的基波、二次谐波及高次谐波分量的振幅。

当集电极回路调谐在输入信号频率 ω 上，即与高频输入信号的基波谐振时，谐振回路对基波电流而言等效为一个纯电阻。对其他各次谐波而言，回路失谐而呈现很小的电抗并可看成短路。直流分量只能通过回路电感线圈支路，其直流电阻很小，对直流也可看成短路。这样，脉冲形状的集电极电流 i_C，或者说包含有直流、基波和高次谐波成分的电流 i_C，流经谐振回路时，只有基波电流才产生压降，因而 LC 谐振回路两端输出不失真的高频信号电压。若回路谐振电阻为 R_e，则

$$u_c = -R_e I_{c1m}\cos\omega t = -U_{cm}\cos\omega t \tag{4-3}$$

式中，U_{cm} 为基波电压振幅，晶体管集电极和发射极之间的电压为

$$u_{CE} = V_{CC} + u_c = V_{CC} - U_{cm}\cos\omega t \qquad (4\text{-}4)$$

波形如图 4-2d 所示。

可见，利用谐振回路的选频作用，可以将失真的集电极电流脉冲变换为不失真的余弦电压输出，同时谐振回路还可以将含有电抗分量的外接负载变换为纯电阻 R_e。通过调节 L、C 使并联回路谐振电阻 R_e 与晶体管所需集电极负载值相等，实现阻抗匹配。因此，在谐振功率放大器中，谐振回路除了起滤波作用外，还起到阻抗匹配的作用。

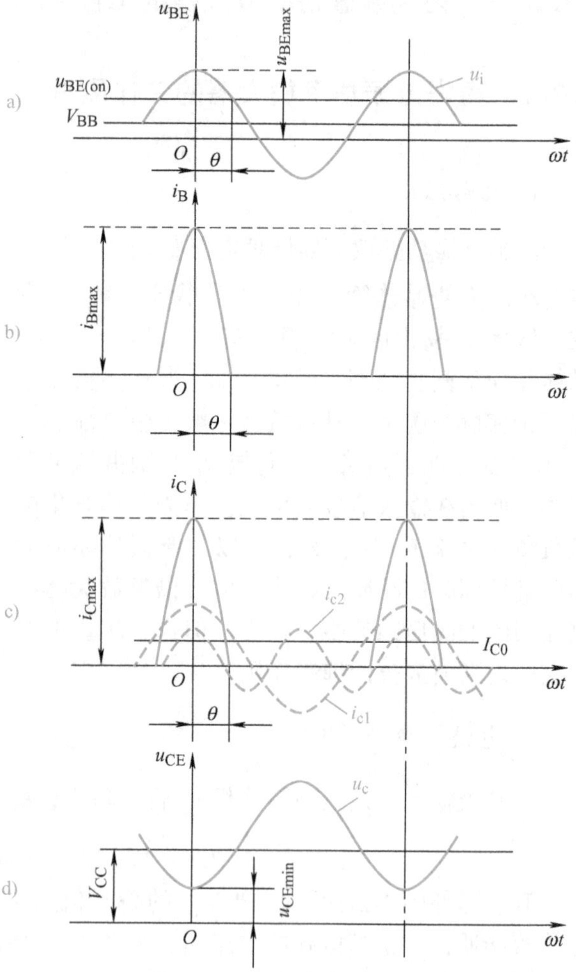

由图 4-2c 可见，丙类放大器在一个信号周期内，只有小于半个信号周期的时间内有集电极电流流通，形成了余弦脉冲电流，将 i_{Cmax} 称为余弦脉冲电流的最大值，θ 是导通角，丙类放大器的导通角 $\theta < 90°$。余弦脉冲电流依靠 LC 谐振回路的选频作用，滤除直流及各次谐波，输出电压仍然是不失真的余弦波。集电极高频交流输出电压 u_c 与基极输入电压 u_i 相反。当 u_{BE} 为最大值 u_{BEmax} 时，i_C 为最大值 i_{Cmax}，u_{CE} 为最小值 u_{CEmin}，它们出现在同一时刻。可见，i_C 只在 u_{CE} 很低的时间内出现，故集电极损耗很小，功率放大器的效率因而比较高，而且 i_C 导通时间越小，效率越高。

必须说明，上述讨论是在忽略了 u_{CE} 对 i_C 的反作用以及管子结电容影响的情况下得到的。

图 4-2 谐振功率放大器中电流、电压波形

3. 余弦电流脉冲的分解

对于高频谐振功率放大器进行精确计算是十分困难的，为了研究谐振功率放大器的输出功率、管耗、效率，并指出一个大概变化规律，可采用近似估算的方法。式(4-2) 说明谐振功率放大器的集电极电流包含直流分量、基波分量以及各次谐波分量，各个分量都是导通角 θ 的函数，它们的关系如下所示：

$$\begin{aligned} I_{C0} &= i_{Cmax}\alpha_0\ (\theta) \\ I_{c1m} &= i_{Cmax}\alpha_1\ (\theta) \\ &\vdots \\ I_{cnm} &= i_{Cmax}\alpha_n\ (\theta) \end{aligned} \qquad (4\text{-}5)$$

式中，$\alpha(\theta)$ 称为余弦脉冲电流分解系数，其大小是导通角 θ 的函数。

$\alpha(\theta)$ 与 θ 之间的关系如图4-3所示，已知导通角 θ，就可以通过曲线查到所需分解系数的大小。表4-1列出了部分余弦脉冲分解系数值，以供查阅。

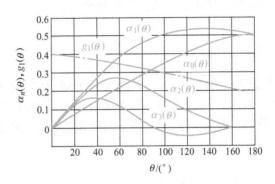

图4-3 余弦脉冲电流分解系数与导通角关系示意图

表4-1 常用余弦脉冲电流分解系数

$\theta/(°)$	$\cos\theta$	α_0	α_1	α_2	g_1
40	0.766	0.147	0.280	0.241	1.90
50	0.643	0.183	0.339	0.267	1.85
60	0.500	0.218	0.391	0.276	1.80
65	0.423	0.236	0.414	0.274	1.76
70	0.342	0.253	0.436	0.267	1.73
75	0.259	0.269	0.455	0.258	1.69
90	0.000	0.319	0.500	0.212	1.57
120	-0.500	0.406	0.536	0.092	1.32
180	-1.000	0.500	0.000	0.000	1.00

4. 输出功率与效率

由于输出回路调谐在基波频率上，输出电路中的高次谐波处于失谐状态，相应的输出电压很小，因此，在谐振功率放大器中只需研究直流功率及基波功率。放大器的输出功率 P_o 等于集电极电流基波分量在谐振电阻 R_e 上的功率，即

$$P_o = \frac{1}{2} I_{c1m} U_{cm} = \frac{1}{2} I_{c1m}^2 R_e = \frac{1}{2} \frac{U_{cm}^2}{R_e} \tag{4-6}$$

集电极直流电源提供的直流功率为

$$P_D = I_{C0} V_{CC} \tag{4-7}$$

集电极耗散功率等于集电极直流电源提供的直流功率 P_D 与基波输出功率 P_o 之差

$$P_C = P_D - P_o \tag{4-8}$$

放大器集电极效率 η_c 等于基波输出功率 P_o 与直流电源提供的直流功率 P_D 之比，即

$$\eta_C = \frac{P_o}{P_D} = \frac{1}{2} \frac{I_{c1m}}{I_{C0}} \frac{U_{cm}}{V_{CC}} = \frac{1}{2} \frac{\alpha_1(\theta)}{\alpha_0(\theta)} \frac{U_{cm}}{V_{CC}} = \frac{1}{2} g_1(\theta) \xi \tag{4-9}$$

式中，ξ 称为集电极电压利用系数，$\xi = \dfrac{U_{cm}}{V_{CC}}$；$g_1(\theta)$ 称为波形系数，$g_1(\theta) = \dfrac{\alpha_1(\theta)}{\alpha_0(\theta)}$，其与导通角 θ 之间的关系如图4-3所示，θ 越小，$g_1(\theta)$ 越大，放大器的效率越高。在 $\xi = 1$ 的条件下，由式(4-9)可求得不同工作状态下放大器的效率。

甲类状态：当 $\theta = 180°$ 时，$g_1(\theta) = 1$，$\eta = 50\%$。

乙类状态：当 $\theta = 90°$ 时，$g_1(\theta) = 1.57$，$\eta = 78.5\%$。

丙类状态：当 $\theta = 60°$ 时，$g_1(\theta) = 1.78$，$\eta = 89\%$。

可见，工作在丙类状态时，效率最高。由式(4-9)可知，增大 ξ 和 $g_1(\theta)$ 的值是提高放大器效率的两个措施，而增大 $\alpha_1(\theta)$ 可以提高输出功率 P_o。从图4-3可以看出，增大 $\alpha_1(\theta)$ 和增大 $g_1(\theta)$ 是相互矛盾的，因为导通角 θ 越小，$g_1(\theta)$ 越大，效率越高，但 $\alpha_1(\theta)$ 却越小，输出功率也就越低。在工程设计中一般取 $\theta = 60° \sim 70°$ 作为最佳导通角，同时兼顾效率和输出功率两个重要指标。

例4-1 如图4-1所示电路中，已知 $V_{CC} = 24V$，$P_o = 5W$，$\theta = 70°$，$\xi = 0.9$，试求该功率放大器的 η_C、P_D、P_C、i_{Cmax} 和回路谐振阻抗 R_e。

解： 由表4-1可查得 $\alpha_0(70°) = 0.25$，$\alpha_1(70°) = 0.44$，因此，式(4-9)可求得

$$\eta_C = \frac{1}{2} g_1(\theta)\xi = \frac{1}{2} \times \frac{0.44}{0.25} \times 0.9 = 79\%$$

$$P_D = \frac{P_o}{\eta_C} = \frac{5}{0.79}W = 6.3W$$

由式(4-8)可求得 $\qquad P_C = P_D - P_o = (6.3 - 5)W = 1.3W$

因为 $\qquad P_o = \frac{1}{2} I_{c1m} U_{cm} = \frac{1}{2} i_{Cmax} \alpha_1(\theta) \xi V_{CC}$

所以 $\qquad i_{Cmax} = \dfrac{2P_o}{\alpha_1(\theta)\xi V_{CC}} = \dfrac{2 \times 5W}{0.44 \times 0.9 \times 24V} = 1.05A$

谐振回路的谐振电阻 R_e 为 $\qquad R_e = \dfrac{U_{cm}}{I_{c1m}} = \dfrac{\xi V_{CC}}{\alpha_1(\theta) i_{Cmax}} = \dfrac{0.9 \times 24V}{0.44 \times 1.05A} = 46.5\Omega$

4.2.2 丙类谐振功率放大器的特性分析

由于丙类谐振功率放大器工作在大信号的非线性状态，晶体管小信号等效电路分析方法已不再适用，工程上常采用图解法和解析法。我们采用折线近似法对高频功放进行分析，所谓折线近似法就是用折线段来表示电子器件的特性曲线，方法简单，物理概念清楚，虽精度较低，但工程估算基本满足要求。

晶体管输出特性曲线是指基极电流（电压）恒定时，集电极电流与集电极电压的关系曲线。转移特性曲线是指集电极电压恒定时，集电极电流与基极电压的关系曲线。下面利用晶体管输出特性曲线和转移特性曲线对丙类谐振功率放大器进行动态分析。

图4-4所示为晶体管折线化后的转移特性曲线及 i_C 的电流波形图，图中绘出了丙类工作状态下的集电极电流脉冲波形，折线的斜率用 G 表示。

由图4-4可知，晶体管折线化后的转移特性方程为

$$i_C = \begin{cases} 0 & u_{BE} \leqslant U_{BE(on)} \\ G(u_{BE} - U_{BE(on)}) & u_{BE} > U_{BE(on)} \end{cases} \qquad (4\text{-}10)$$

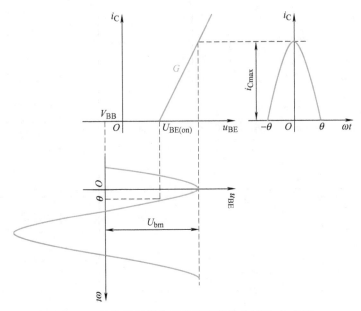

图 4-4　晶体管折线化后的转移特性曲线及 i_C 电流

当放大器工作在谐振状态时，由图 4-1 可得，电路的外部关系为

$$u_{BE} = V_{BB} + U_{im}\cos\omega t$$

$$u_{CE} = V_{CC} - U_{cm}\cos\omega t$$

其中输入信号幅值 U_{im} 即基极-发射极交流电压幅值 U_{bm}，由以上两式可得

$$u_{BE} = V_{BB} + U_{bm}\frac{V_{CC} - u_{CE}}{U_{cm}} \tag{4-11}$$

$$i_C = G\left(V_{BB} + U_{bm}\frac{V_{CC} - u_{CE}}{U_{cm}} - U_{BE(on)}\right) \tag{4-12}$$

在输出特性图中，表示输出电压 u_{CE} 随集电极电流 i_C 变化的轨迹线称为动态线，又称为谐振功率放大器的交流负载线。当 V_{BB}、V_{CC}、U_{im} 及负载谐振电阻 R_e 一定时，式 (4-12) 为一直线方程。如图 4-5 所示，直线 AB 即为动态线。

动态线作法是：在 u_{CE} 轴上取点 B，即令 $i_C = 0$，得 $u_{CE} = V_{CC} + \dfrac{V_{BB} - u_{BE(on)}}{U_{im}}U_{cm}$，再令 $u_{CE} = V_{CC}$，得 $i_C = G(V_{BB} - U_{BE(on)})$，为图中的 Q 点。最后将 Q 点和 B 点相连，并向上延长与 $u_{BE} = u_{BEmax} = V_{BB} + U_{im}$ 的输出特性曲线交于 A 点，则直线 AB 便是谐振功率放大器的交流负载线。

注意：在丙类工作状态时，V_{BB} 本身为负值，Q 点对应的 i_C 为负值，i_C 实际上是不存在的电流，仅是用来确定工作点 Q 的位置。

下面来定性分析丙类谐振功率放大器的外部特性。所谓外部特性是指放大器的性能随外部参数变化的规律，外部参数主要有放大器的负载电阻 R_e、激励电压 u_i、偏置电压 V_{BB} 和 V_{CC}。

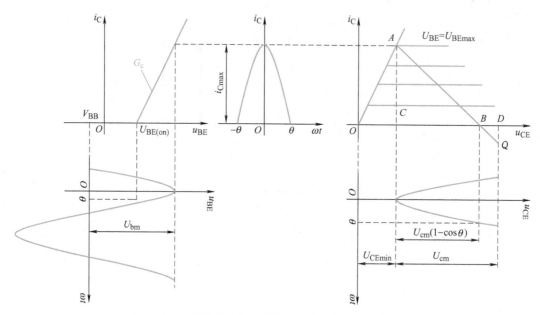

图 4-5 谐振功率放大器的动态线及集电极电流波形图

1. 负载特性

当放大器中直流电源 V_{CC}、V_{BB} 和输入电压振幅 U_{im} 固定不变时，放大器的电流、电压、功率和效率等随谐振回路的谐振电阻 R_e 变化的特性称为放大器的负载特性。

由图 4-6 可知，V_{CC}、V_{BB} 固定意味着 Q 点固定，U_{im} 固定进一步意味着 θ 也固定。放大器的工作状态将随 R_e 变化而不同。图 4-6 是不同 R_e 时对应的三种工作状态下的负载线及相应的集电极电流 i_C 波形图。三种工作状态为欠电压状态、临界状态、过电压状态。分别对应的动态线为 A_1Q、A_2Q、A_3Q。

（1）欠电压状态 图 4-6 中 A_2 点以右的区域，如动态线 A_1Q，在欠电压区至临界点的范围内，集电极电流 i_C 的波形为尖顶余弦脉冲，脉冲幅值较大，负载回路输出电压 U_{cm1} 较小，晶体管工作在放大区和截止区。

（2）临界状态 如果增大 R_e，动态线将向左移动，负载线和 U_{BEmax} 正好相交于临界线的拐点 A_2，如图 4-6 中的动态线 A_2Q 所示。此时集电极电流 i_C 的波形仍为尖顶余弦脉冲，脉冲幅值相对于欠电压状态略有减小，但负载回路输出电压 U_{cm2} 却增大较多，晶体管的压降 U_{BEmax} 较小。由此可见，当放大器工作在临界状态时，输出功率大，晶体管损耗小，放大器效率较高。此时，除 A_2 点外，其余动态工作点均处在晶体管特性曲线的放大区。

（3）过电压状态 如果在临界状态下继续增大 R_e，A_2 点将沿饱和线 A_2Q 向下移动，如图 4-6 中的动态线 A_3Q 所示。由于晶体管的动态范围延伸到了饱和区，有 $U_{CEmin} < U_{CE(sat)}$，集电极电流沿饱和线 A_2Q 下降，i_C 的波形为下凹的余弦脉冲，过电压越严重，下凹越明显，最严重时，i_C 的波形可分裂为两部分。根据傅里叶级数对 i_C 的波形分解可知，当 i_C 的波形下凹时，其直流分量及各次谐波分量减小，放大器的输出功率也减小。

根据以上分析，可以画出谐振功率放大器的负载特性曲线，如图 4-7 所示。

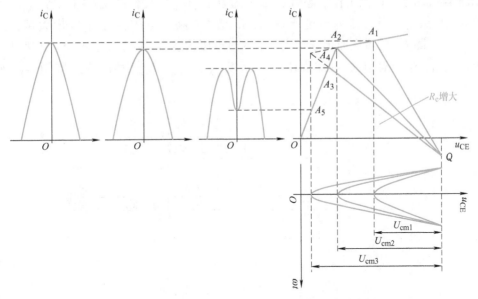

图 4-6 三种不同斜率情况下的工作状态及波形分析

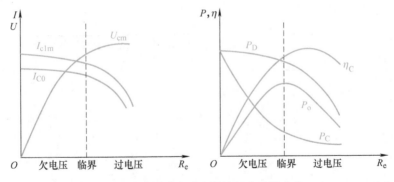

图 4-7 谐振功率放大器的负载特性曲线

由图 4-7 可知，在欠电压状态时，电压幅度较小，电路的功放作用未能充分发挥；而在过电压状态时，电流脉冲出现凹陷，集电极电流基波分量减小，并且各高次谐波分量明显加大，这对高频功放是不利的。通常丙类谐振功率放大器选择在临界状态工作，以获得较大的输出功率和较高的效率。临界状态时输出功率 P_o 最大，管耗 P_C 较小，效率 η 较高，谐振功放接近最佳性能，相应的 R_e 值称为谐振功放的匹配负载，用 R_{eopt} 表示，其值由下式近似确定：

$$R_{eopt} = \frac{1}{2} \frac{U_{cm}^2}{P_o} = \frac{1}{2} \frac{(V_{CC} - U_{CE(sat)})^2}{P_o} \tag{4-13}$$

2. 放大特性

若 R_e、V_{BB}、V_{CC} 三个参数固定不变，改变激励电压幅值 U_{im}，放大器的输出电压 U_{cm} 以及输出功率 P_o、效率 η 等性能指标随 U_{im} 变化的特性称为放大器的放大特性。

如图 4-8a 所示为丙类工作状态时 i_C 波形随 U_{im}（U_{bm}）变化的关系图。当 U_{im} 由小增大时，放大器由欠电压状态进入过电压状态，i_C 增大；在欠电压状态时 i_C 增大显著，所以 I_{C0}、I_{c1m}、U_{cm} 随 U_{im} 的增大而迅速增大；进入过电压状态后，随着 U_{im} 的增大，集电极电流波形出现凹陷，i_C 略有增大，但凹陷加深，所以 I_{C0}、I_{c1m}、U_{cm} 增加缓慢，如图 4-8b 所示。

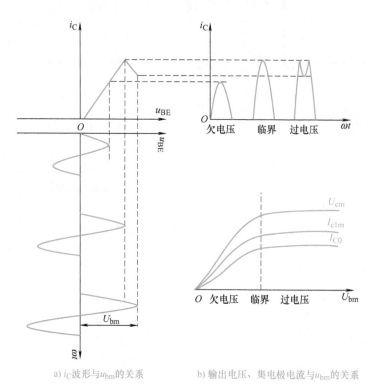

a) i_C 波形与 u_{bm} 的关系　　　　b) 输出电压、集电极电流与 u_{bm} 的关系

图 4-8　放大特性分析

3. 调制特性

（1）基极调制特性　若 R_e、V_{CC}、U_{im} 三个参数固定不变，输出电压 U_{cm} 随基极偏压 V_{BB} 变化的特性称为基极调制特性。

由于 V_{BB} 和 u_i 是以串联叠加的方式加入功放电路的输入回路，所以 V_{BB} 的变化与 u_i 的振幅变化对输出电流 i_C 和输出电压振幅 U_{cm} 的影响是相似的。图 4-9 为基极调制特性曲线图，可将图 4-9 和图 4-8b 进行对照分析。

（2）集电极调制特性　若 R_e、V_{BB}、U_{im} 三个参数固定不变，输出电压 U_{cm} 随集电极偏压 V_{CC} 变化的特性称为集电极调制特性。

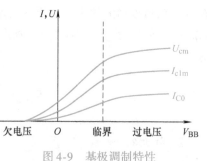

图 4-9　基极调制特性

如图 4-10 所示，当 V_{CC} 由小增大时，动态线由左向右平移，放大器的工作状态由过电压状态进入欠电压状态，如图 4-10a 所示。在欠电压状

态时，V_{CC} 变化了，U_{cm} 却几乎不变，如图 4-10b 所示。在过电压状态时，U_{cm} 随 V_{CC} 单调变化。所以，功放工作在过电压状态，才能使 V_{CC} 对 U_{cm} 有控制作用，即振幅调制作用。

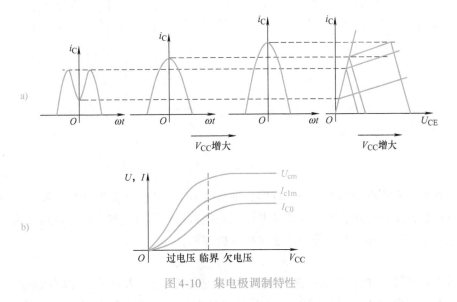

图 4-10　集电极调制特性

综上所述，可以得出以下几点结论：

1）如果对等幅信号进行功率放大，应使功放工作在临界状态，此时输出功率最大，效率也接近最高。

2）如果对非等幅信号进行功率放大，应使功放工作在欠电压状态，但线性较差。若采用甲类或乙类功放，则线性较好。

3）丙类谐振功放在进行功率放大的同时，也可进行振幅调制。如果调制信号加在基极偏压上，则功放应工作在欠电压状态；如果调制信号加在集电极偏压上，则功放应工作在过电压状态。

4.3　谐振功率放大器电路

谐振功率放大器电路由功率管直流馈电电路和滤波匹配网络组成。由于工作频率及使用场合的不同，电路组成形式也各不相同。下面对常用电路组成形式进行讨论。

4.3.1　直流馈电电路

1. 集电极直流馈电电路

直流馈电电路可分为串联馈电（串馈）和并联馈电（并馈）两种基本形式。串馈是指直流电源、负载谐振回路（滤波匹配网络）、功率管在电路形式上是串联的，如图 4-11a 所示。并联馈电是指上述三部分在电路形式上是并联的，如图 4-11b 所示。

图 4-11 中的 L_C 为高频扼流圈，在信号频率上的感抗很大，接近开路，对高频信号具有"扼制"作用。C_{C1} 为旁路电容，对高频具有短路作用，它与 L_C 构成电源滤波电路，用以避

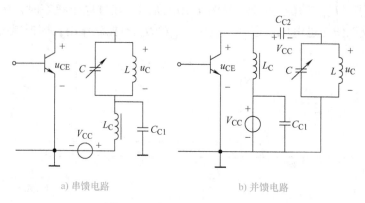

a) 串馈电路　　　　　　　　　b) 并馈电路

图 4-11　集电极直流馈电电路

免信号电流通过直流电源而产生级间反馈，造成工作不稳定。C_{C2} 为隔直电容，它对信号频率的容抗很小，接近短路。其实串馈和并馈只是电路结构形式不同，对于电压而言，无论是串馈还是并馈，直流偏压与交流电压总是串联叠加的，即

$$u_{CE} = V_{CC} - U_{cm} \cos \omega t$$

由图 4-11 可见，两种馈电电路的不同仅是谐振回路的接入方式。在串馈电路中，谐振回路处于直流高电位上，谐振回路元件不能直接接地；而在并馈电路中，由于 C_{C2} 隔断直流，谐振回路处于直流低电位上，谐振回路元件可以直接接地，因而电路的安装就比串馈电路方便。但是 L_C 和 C_{C2} 并联在谐振回路上，它们的分布参数将直接影响谐振回路的调谐。

2. 基极偏置电路

要使放大器工作于丙类状态，功率管基极应加反向偏压或小于 $U_{BE(on)}$ 的正向偏压。基极偏置电压可采用集电极直流电源经电阻分压后供给，也可采用自给偏压电路来获得，其中采用 V_{CC} 分压后供给，只能提供正向基极偏压，自给偏压只能提供反向偏压。

常见的自给偏压电路如图 4-12 所示。图 4-12a 所示是利用基极电流脉冲 i_B 中直流成分 I_{B0} 流经 R_B 来产生偏置电压，显然，根据 I_{B0} 的流向它是反向的。由图可见，偏置电压 $V_{BB} = -I_{B0} R_B$。C_B 的容量要足够大，以便有效地短路基波及各次谐波电流，使 R_B 上产生稳定的直流压降。改变 R_B 的大小，可调节反向偏置电压的大小。图 4-12b 所示是利用高频扼流圈 L_B 中的固有直流电阻来获得很小的反向偏置电压，可称为零偏压电路。

在自给偏压电路中，未加输入信号时，$i_B = 0$，因此偏置电压 V_{BB} 也为零。当输入信号幅度由小加大时，i_B 增大，其直流分量 I_{B0} 增大，自给反向偏压也随之增大。这种偏置电压随输入信号幅度而变化的现象称为自给偏置效应。利用自给偏置效应可以改善电子电路的某些性能，例如，振荡器中利用自给偏置效应可以起到稳定输出电压的作用。

当需要提供正向基极偏置电压时，可采用图 4-13 所示的分压式基极偏置电路。由图可见，V_{CC} 经 R_{B1}、R_{B2} 两个电阻分压，取 R_{B2} 上的压降作为功率管基极正向偏置电压，为了保证处于丙类工作状态，其值应小于功率管的导通电压。图中，C_B 是旁路电容，对高频具有短路作用。需要说明，图 4-13 所示的电路中，静态和动态的基极偏压大小是不相同的，因为自给偏压效应，功率管的基极偏置电压动态值比静态值小。

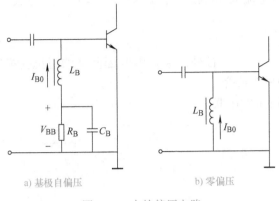
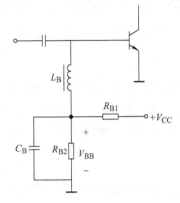

图 4-12 自给偏压电路

图 4-13 分压式基极偏置电路

4.3.2 滤波匹配网络

高频功率放大器与负载及输入信号之间的连接一般可以用图 4-14 所示的二端口网络表示。其中输入、输出匹配网络需要完成的任务是:

1)实现阻抗变换,将实际的负载阻抗 R_L 转换为放大电路所要求的最佳阻抗 R_{eopt},使放大器工作在临界状态,以保证放大器传输到负载的功率最大,即起到阻抗匹配的作用。

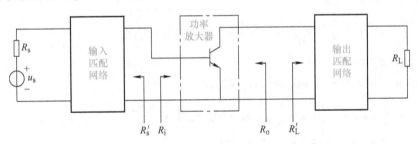

图 4-14 高频功率放大器的匹配网络示意图

2)抑制工作频率之外的不需要的高次谐波分量,选出所需要的基波分量,即具有良好的滤波作用。

3)完成高效率的信号传输,即要求匹配网络本身的固有损耗尽可能地小。

滤波匹配网络的形式有很多种,这里介绍最常用的 LC 并联谐振回路型及滤波器型两种匹配网络。

1. LC 并联谐振回路型匹配网络

LC 并联谐振回路型滤波匹配网络一般形式如图 4-15 所示。图中,L_1C_1 回路为并联谐振回路,具有滤波作用,调节抽头位置改变一、二次绕组匝数比,即可完成阻抗变换;R_A、C_A 分别代表天线的辐射电阻与等效电容;L_2、C_2 为天线回路的调谐元件,其作用是使天

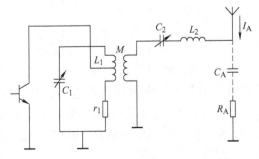

图 4-15 LC 并联谐振回路型匹配网络

线回路处于串联谐振状态，以便使天线回路的电流 I_A 达到最大，即天线辐射功率达到最大。

2. 滤波器型匹配网络

常用滤波器型匹配网络有 L 形、π 形和 T 形等。各种滤波器型匹配网络的阻抗变换特性，都是以串并联阻抗变换为基础的，下面做简要介绍。

（1）串并联阻抗变换　若要将图 4-16 所示的串联电路和并联电路实现等效变换，需要满足

$$\frac{1}{R_P} + \frac{1}{jX_P} = \frac{1}{R_S + jX_S} \tag{4-14}$$

由此可得串并联阻抗变换公式，即

$$\left. \begin{array}{l} R_P = R_S(1 + Q_e^2) \\ X_P = X_S\left(1 + \dfrac{1}{Q_e^2}\right) \end{array} \right\} \tag{4-15}$$

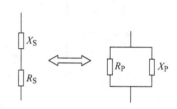

a) 串联电路　　b) 并联电路

图 4-16　串并联阻抗变换

$$Q_e = \frac{|X_S|}{R_S} = \frac{R_P}{|X_P|} \tag{4-16}$$

例 4-2　将图 4-17a 中所示电感与电阻串联电路变换为图 4-17b 所示的并联电路。已知工作频率 $f = 100\text{MHz}$，求 L_P 和 R_P 值。

解： 由式（4-16）可得

$$Q_e = \frac{|X_S|}{R_S} = \frac{\omega L_S}{R_S} = \frac{2\pi \times 100 \times 10^6 \times 100 \times 10^{-9}}{10} = 6.28$$

因此，代入式（4-15）分别求得

$$R_P = R_S(1 + Q_e^2) = 10 \times (1 + 6.28^2)\Omega = 404\Omega$$

$$L_P = L_S\left(1 + \frac{1}{Q_e^2}\right) = 100 \times \left(1 + \frac{1}{6.28^2}\right)\text{nH} = 102.5\text{nH}$$

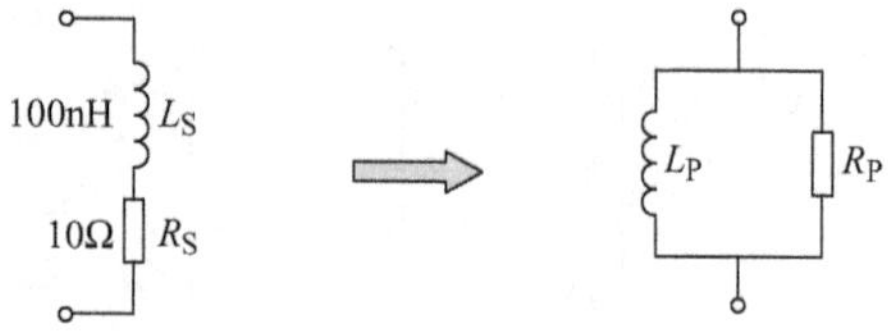

a) 串联电路　　b) 并联电路

图 4-17　电感和电阻串、并联电路变换

例 4-3　将图 4-18a 中所示电容与电阻并联电路变换为图 4-18b 所示的串联电路。已知工作频率 $f = 50\text{MHz}$，求出 C_S 和 R_S。

解： 由式（4-16）可得

$$Q_e = \frac{R_P}{|X_P|} = R_P\omega C_P = 200 \times 2\pi \times 5 \times 10^7 \times 50 \times 10^{-12} = 3.14$$

因此，代入式（4-15）分别求得

$$R_S = \frac{R_P}{1 + Q_e^2} = \frac{200}{1 + 3.14^2}\Omega = 18.4\Omega$$

$$C_S = C_P\left(1 + \frac{1}{Q_e^2}\right) = 50 \times \left(1 + \frac{1}{3.14^2}\right)\text{pF} = 55\text{pF}$$

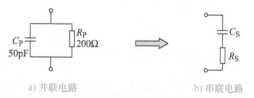

a) 并联电路　　b) 串联电路

图 4-18　电容和电阻并、串联电路变换

由上述计算结果可知，当 $Q_e \gg 1$ 时，将电抗与电阻串联电路变换成并联电路，其中电抗元件参数近似不变，但与电抗串联的小电阻可变换成与电抗并联的大电阻；反之，将电抗与电阻并联电路变换成串联电路，其中电抗元件参数近似不变，但与电抗并联的大电阻可变换成与电抗串联的小电阻。

（2）L形滤波匹配网络 图4-19
所示为低阻变高阻L形滤波匹配网
络，即是前面所述的 LC 并联谐振回
路。R_L 为外接实际负载，它与电感
支路相串联，可减小高次谐波的输
出，对提高滤波性能有利。为了提
高网络的传输效率，C 应采用高频
损耗很小的电容，L 应采用 Q 值高
的电感线圈。

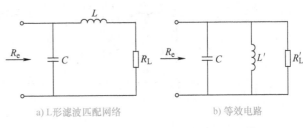

a) L形滤波匹配网络   b) 等效电路

图 4-19 低阻变高阻 L 形滤波匹配网络

由串并联电路阻抗变换关系可知

$$\left.\begin{array}{l} R'_L = R_L(1 + Q_e^2) \\[2mm] L' = L\left(1 + \dfrac{1}{Q_e^2}\right) \\[2mm] Q_e = \dfrac{\omega L}{R_L} \end{array}\right\} \tag{4-17}$$

在工作频率上，图4-19b 所示并联谐振回路等效阻抗 R_e 就等于 R'_L。由于 $Q_e > 1$，可见，
$R_e = R'_L > R_L$，即图4-19a 所示网络能将低电阻负载变为高电阻负载，其变换倍数取决于 Q_e
值的大小。为了实现阻抗匹配，已知 R_e 和 R_L 时，滤波匹配网络的品质因数 Q_e 为

$$Q_e = \sqrt{\dfrac{R_e}{R_L} - 1} \tag{4-18}$$

如果外接负载电阻 R_L 比较大，而放大器要求的负载电阻 R_e 较小，可采用图4-20a 所示
的高阻变低阻L形滤波匹配网络。

将图4-20a 中的 C、R_L 并联电路用
串联电路来等效，如图4-20b 所示。由
串并联电路阻抗变换关系可知

$$\left.\begin{array}{l} R'_L = R_L/(1 + Q_e^2) \\[2mm] C' = C\left(1 + \dfrac{1}{Q_e^2}\right) \\[2mm] Q_e = R_L\omega C \end{array}\right\} \tag{4-19}$$

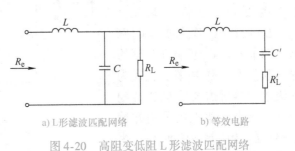

a) L形滤波匹配网络   b) 等效电路

图 4-20 高阻变低阻 L 形滤波匹配网络

在工作频率上，图4-20b 所示串联谐振回路等效阻抗 R_e 就等于 R'_L。由于 $Q_e > 1$，可见，
$R_e = R'_L < R_L$，即图4-20a 所示网络实现了高电阻变低电阻的变换作用。为了实现阻抗匹配，
已知 R_e 和 R_L 时，滤波匹配网络的品质因数 Q_e 为

$$Q_e = \sqrt{\dfrac{R_L}{R_e} - 1} \tag{4-20}$$

（3）π形和T形滤波匹配网络 L形滤波匹配网络阻抗变换前后的电阻相差 $1 + Q_e^2$ 倍，
如果实际情况下要求变换倍数并不高，这样回路的 Q_e 值就只能很小，其结果是滤波性能很
差。为了克服这一矛盾，可采用π形、T形滤波匹配网络，如图4-21 所示。

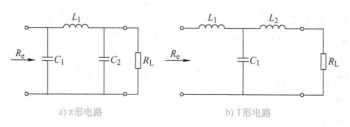

a) π形电路　　　　　　　　b) T形电路

图 4-21　π形和 T 形滤波匹配网络

π形和 T 形滤波匹配网络可以分割成两个 L 形网络。应用 L 形网络的分析结果，可以得到它们的阻抗变换关系及元件参数值计算公式。例如，图 4-21a 可分割成图 4-22 所示电路，图中 $L_1 = L_{11} + L_{12}$。由图可见，L_{12}、C_2 构成高阻变低阻的 L 形网络，将实际负载 R_L 变换成低阻 R'_L；L_{11}、C_1 构成低阻变高阻的 L 形网络，再将 R'_L 变换成谐振功放所要求的最佳负载电阻 R_e。恰当选择两个 L 形网络的 Q_e 值，就可以兼顾到滤波和阻抗匹配的要求。

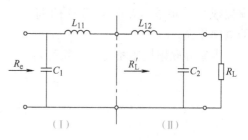

图 4-22　π形拆成 L 形电路

4.3.3　谐振功率放大器应用电路

图 4-23 所示是一个工作频率为 160MHz 的谐振功率放大器电路。它向 50Ω 的外接负载提供 13W 功率，效率达 90% 以上。由图可知，输入端 C_1、C_2、L_1 构成 T 形滤波匹配网络，调节 C_1、C_2 可将功放管的输入阻抗在工作频率上变换为前级放大器所需要的 50Ω 匹配阻抗。该电路集电极采用并馈电路，L_C 为高频扼流圈，C_C 为旁路电容。基极采用自给偏置，由高频扼流圈 L_B 中的直流电阻及晶体管基极电阻产生很小的负偏压。

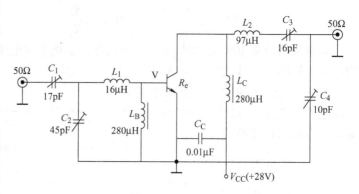

图 4-23　160MHz 谐振功率放大器电路

4.4　丙类倍频器及高效率功率放大器

1. 丙类倍频器

输出信号的频率比输入信号频率高整数倍的电子电路，称为倍频器。它广泛应用于无线电发射机等电子设备中。当工作频率不超过几十兆赫兹时，主要采用丙类谐振放大器构成的丙类倍频器。

因为谐振功率放大器工作在丙类状态时，晶体管集电极电流脉冲含有丰富的谐波分量，如果把集电极谐振回路调谐在 2 次或 3 次谐波上，那么放大器只有 2 次或 3 次谐波电压输出，这样谐振功率放大器就成了二倍频器或三倍频器。如果需要更高次倍频，可以采用将多个倍频器级联的方式。通常丙类倍频器工作在欠电压或临界工作状态。

为了有效抑制低于倍频频率的谐波分量，实际丙类倍频器输出回路中常采用陷波电路，如图 4-24 所示。图示为三倍频器，其输出并联回路调谐在 3 次谐波频率上，用以获得三倍频电压输出，而串联谐振回路 L_1C_1、L_2C_2 与并联回路 L_3C_3 相并联，它们分别调谐在基波和 2 次谐波频率上，从而有效抑制它们的输出，故 L_1C_1 和 L_2C_2 回路称为串联陷波电路。

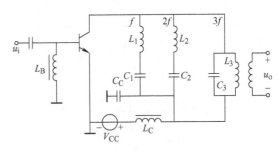

图 4-24　带有陷波电路的三倍频器

2. 丁类功率放大器

丙类放大器可以通过减小电流导通角 θ 来提高放大器的效率，但是为了让输出功率符合要求又不使输入激励电压太大，θ 就不能太小，因此，放大器的效率提高受到限制。

若使放大器工作在开关状态，当晶体管导通 $i_C \neq 0$ 时，u_{CE} 最小，接近于零；而当晶体管截止 $i_C = 0$ 时，$u_{CE} \neq 0$。因此，理想情况下 $i_C u_{CE}$ 乘积接近于零，效率可达 100%，这类放大器被称为开关型丁类（D 类）放大器。

丁类功率放大器有电压开关型和电流开关型两种电路，下面介绍电压开关型丁类功率放大器的工作原理。

图 4-25a 所示为电压开关型丁类放大器的原理电路。图中输入信号电压 u_i 是角频率为 ω 的方波或幅度足够大的余弦波。通过变压器 Tr 产生两个极性相反的推动电压 u_{b1} 和 u_{b2}，分别加到两个特性相同的同类型放大管 V_1 和 V_2 的输入端，使得两管在一个信号周期内轮流地饱和导通和截止。L、C 和外接负载 R_L 组成串联谐振回路。设 V_1 和 V_2 管的饱和压降为 $U_{CE(sat)}$，则当 V_1 管饱和导通时，A 点对地电压为 $u_A = V_{CC} - U_{CE(sat)}$；而当 V_2 管饱和导通时，$u_A = U_{CE(sat)}$。因此，u_A 是幅值为 $V_{CC} - 2U_{CE(sat)}$ 的矩形方波电压，它是串联谐振回路的激励电压，如图 4-25b 所示。当串联谐振回路调谐在输入信号频率上，且回路等效品质因数 Q 足够高时，通过回路的仅是 u_A 中基波分量产生的电流 i_o，它是角频率为 ω 的余弦波，而这个余弦波电流只能是由 V_1、V_2 分别导通时的半波电流 i_{C1}、i_{C2} 合成。这样，负载 R_L 上就可获得与 i_o 相同波形的电压 u_o 输出，i_{C1}、i_{C2} 的波形如图 4-25b 所示。可见，在开关工作状态下，两管均为半周导通，半周截止。导通时，电流为半个正弦波，但管压降很小，近似为零；截止时，管压降很大，但电流为零，这样管子的损耗始终维持在很小的值。

实际上，在高频工作时，由于晶体管结电容和电路的分布电容的影响，晶体管 V_1、V_2 的开关转换不可能在瞬间完成，u_A 的波形会有一定的上升沿和下降沿，如图 4-25b 中虚线所示。这样，晶体管的耗散功率将增大，放大器实际效率将下降，这种现象随着输入信号频率的提高而更趋严重。

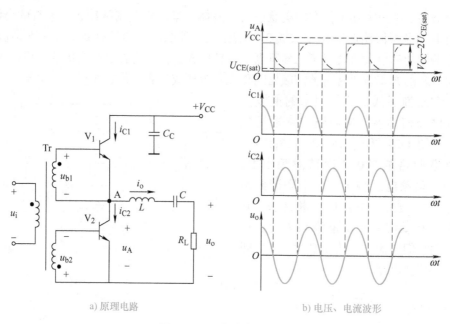

a) 原理电路   b) 电压、电流波形

图 4-25 丁类功率放大器

4.5 宽带高频功率放大器

以 *LC* 谐振回路为输出电路的功率放大器，因其相对通频带只有百分之几甚至千分之几，因此又称窄带高频功率放大器。这种放大器适用于固定频率或频率变换范围较小的高频设备，如专用的通信机、微波激励源等。除了 *LC* 谐振回路以外，常用于高频功放电路负载的还有普通变压器和传输线变压器两类。这种由非谐振网络构成的放大器能够在很宽的波段内工作且不需要调谐，称之为宽带高频功率放大器。

以高频变压器为负载的功率放大器最高工作频率可达几百千赫兹至十几兆赫兹，但当工作频率更高时，由于线圈漏感和匝间分布电容的作用，其输出功率将急剧下降，这不符合高频电路的要求，所以很少使用。以传输线变压器为负载的功率放大器，上限频率可以达到几百兆赫兹甚至上千兆赫兹，它特别适合要求频率相对变化范围较大和要求迅速更换频率的发射机，而且改变工作频率时不需要对功放电路重新调谐。下面重点介绍传输线变压器的工作原理和主要应用。

4.5.1 传输线变压器

1. 传输线变压器的结构和工作原理

传输线变压器是将传输线（双绞线、带状线或同轴线）绕在高导磁铁氧体的磁环上构成的。图 4-26a 所示为 1:1 传输线变压器的结构示意图。

传输线变压器是基于传输线原理和变压器原理二者相结合而产生的一种耦合器件，它以传输线方式和变压器方式同时进行能量传输。输入信号的高频分量是以传输线方式为主进行能量传输的；输入信号的低频分量是以变压器方式为主进行能量传输的，频率越低，变压器方式越突出。

图4-26b 所示为传输线方式的工作原理，图中，信号电压从1、3 端输入，经传输线变压器的传输，在2、4 端将能量传到负载 R_L 上。如果信号的波长与传输线的长度相比拟，两根导线固有的分布电感和相互间的分布电容就构成了传输线的分布参数等效电路，如图4-26d 所示。若分布参数为理想参数，则信号源的功率全部被负载吸收，而且信号的上限频率将不受漏感、匝间分布电容及高磁导率磁心的限制，可以达到很高。

图4-26c 所示为变压器方式的工作原理。在以变压器方式工作时，信号电压从1、2 端输入，从3、4 端输出。由于输入、输出线圈长度相同，由图4-26c 可知，这是一个1：1 的倒相变压器。

可见，传输线变压器具有良好的宽频带特性。

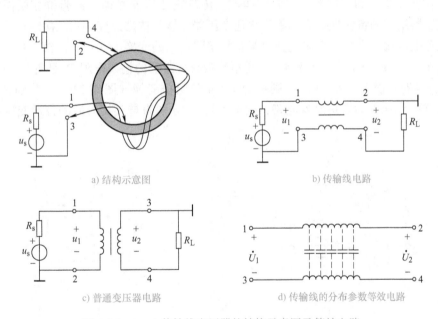

a) 结构示意图　　　　　　　　　　b) 传输线电路

c) 普通变压器电路　　　　d) 传输线的分布参数等效电路

图4-26　1：1 传输线变压器的结构示意图及等效电路

2. 传输线变压器的应用

传输线变压器的应用主要有极性变换、平衡-不平衡变换、阻抗变换等。

（1）极性变换　传输线变压器用作极性变换电路，就是前面提到的1：1 的倒相传输线变压器，如图4-26c 所示。在信号源的作用下，变压器一次绕组1、2 端有电压，其极性1 端为正、2 端为负；在 u_1 的作用下，通过电磁感应，在变压器二次绕组3、4 端产生电压 u_2，且 $U_1 = U_2$，极性是3 端为正、4 端为负。由于3 端接地，所以负载电阻 R_L 上的电压与3、4 端电压 u_2 的极性相反，即实现了倒相作用。

（2）平衡-不平衡变换　如图4-27 所示是传输线变压器用作平衡-不平衡变换电路。图4-27a 所示是平衡输入变换为不平衡输出电路。输入端两个信号源的电压和内阻均相等，分别接在地线的两边，称这种接法为平衡接法。输出端负载只是单端接地，称为不平衡接法。图 4-27b 所示是不平衡输入变换为平衡输出电路。

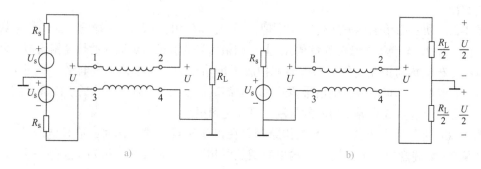

图 4-27 平衡–不平衡变换电路

（3）阻抗变换 为了使放大器阻抗匹配，传输线变压器必须具有阻抗变换作用。由于传输线变压器结构的特殊性，它不能像普通变压器那样，依靠改变一、二次绕组的匝数比可以实现任意阻抗比的变换，而只能完成某些特定阻抗比的变换，如 4：1、9：1、16：1 等，或 1：4、1：9、1：16 等。所谓 4：1 是指传输线变压器的输入电阻 R_i 是负载电阻 R_L 的 4 倍，即 $R_i = 4R_L$；而 $R_i = R_L/4$ 时，则称为 1：4 的阻抗变换。图 4-28a、c 分别为 4：1 和 1：4 的传输线变压器的阻抗变换电路，图 4-28b、d 分别为与其相对应的普通变压器形式的等效电路。

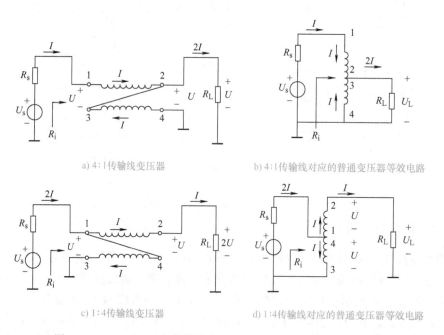

a) 4:1传输线变压器

b) 4:1传输线对应的普通变压器等效电路

c) 1:4传输线变压器

d) 1:4传输线对应的普通变压器等效电路

图 4-28 4：1 和 1：4 传输线变压器阻抗变换电路及其等效电路

下面简要分析 4：1 阻抗变换原理。由图 4-28a、b 可知，若负载电阻上的电压为 U，流过的电流为 $2I$，则信号源的端电压为 $2U$，流出的电流为 I，信号源的输入阻抗 R_i 以及传输线变压器的特性阻抗 Z_C 分别为

$$R_i = \frac{2U}{I} = 4 \frac{U}{2I} = 4R_L \qquad (4-21)$$

$$Z_C = \frac{U}{I} = 2 \frac{U}{2I} = 2R_L \qquad (4-22)$$

可见，输入阻抗为负载阻抗的 4 倍，即实现了 4:1 阻抗变换。

为了说明传输线变压器在放大器中的应用，图 4-29 给出了一个两级宽带高频功率放大器电路。其中 T_1、T_2 和 T_3 均为 4:1 阻抗变换传输线变压器。T_1、T_2 串联后作为第一级功放的输出匹配网络，总阻抗比为 16:1，实现第一级功放的高输出阻抗与第二级功放的低输入阻抗之间的匹配；第二级功放的输出与负载天线（50Ω）之间采用 4:1 阻抗变换传输线变压器，从而实现第二级功放输出与负载天线之间的匹配。

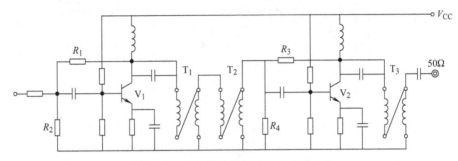

图 4-29　两级宽带高频功率放大器电路

4.5.2　功率合成电路

目前，由于技术上的原因，单个高频晶体管的输出功率一般只限于几十瓦至几百瓦。当需要更大的输出功率时，广泛应用的方法就是采用功率合成电路。所谓功率合成电路，就是利用多个高频晶体管同时对输入信号进行放大，然后将各功放输出的功率在一个公共负载上叠加。图 4-30 所示为常用的一种功率合成电路组成框图。图中三角形表示晶体管功率放大器，菱形表示功率分配与合成电路。功率分配与合成电路就是利用前面介绍的传输线变压器而构成的混合网络。图中点画线框内为功率合成器的基本单元。

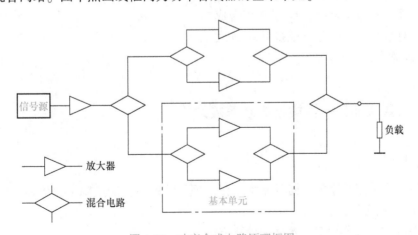

图 4-30　功率合成电路原理框图

　　图 4-31 所示为功率合成电路基本单元的一种电路，称为同相功率合成电路。图中 T_1 是功率分配网络，它的作用是将信号源输入的功率平均分配，供给 A、B 端同相激励功率。T_2 是功率合成网络，它的作用是将晶体管输出至 A′、B′ 两端的同相激励功率合成后供给负载。当 V_1、V_2 两晶体管输入电阻相等时，有 $U_A = U_B = U_1$，而 $R_{d1} = 2R_A = 2R_B = 4R_S$。正常工作时，两管输出电压相等，且等于负载电压，即 $U_{A'} = U_{B'} = U_L$，由于负载上的电流加倍，故负载上的功率是两管输出功率之和，即 $P_L = \frac{1}{2}U_A \times (2I_{C1}) = P$，此时平衡电阻上无功率损耗。

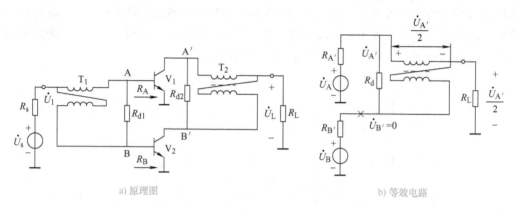

　　a) 原理图　　　　　　　　　　　　　　b) 等效电路

图 4-31　同相功率合成电路

　　当两个晶体管因各种因素造成输出电压变化而不平衡时，相当于图 4-31b 等效电路中 U_B 和 $U_{B'}$ 发生变化。根据传输线变压器原理，$U_{A'}$ 由 U_A 产生，$U_{B'}$ 由 U_B 产生，$U_{B'}$ 的变化不会引起 $U_{A'}$ 的变化。当 $U_{B'} = 0$ 时，负载电流减半，功率则减小为原来的 1/4，V_1 管输出的另一半功率消耗在平衡电阻 R_d 上。这样即使一管损坏，负载功率下降为原来的 1/4，但另一管仍能正常工作，这是晶体管并联工作时无法实现的。

　　图 4-32 所示为反向功率合成电路原理图。图中 T_1 是功率分配网络，T_2 是功率合成网络。这种电路的工作原理与推挽功率放大器类似，请读者自行分析。

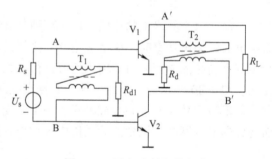

图 4-32　反向功率合成电路

4.6　仿真实训——丙类谐振功率放大器

1. 仿真目的

　　1）了解丙类谐振功率放大器的基本工作原理，掌握丙类谐振功率放大器的调谐特性以及负载改变时的动态特性。

　　2）掌握丙类放大器功率、效率的计算方法。

2. 仿真电路

打开 Multisim 软件，绘制如图 4-33 所示的高频谐振功率放大器电路，信号源频率为 2MHz，幅度为 1V。

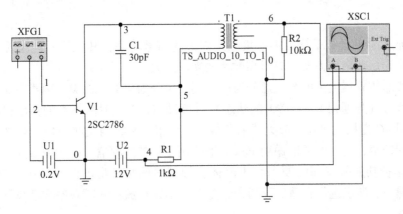

图 4-33　高频谐振功率放大器

3. 测试内容

1）打开示波器，如图 4-34 所示，上面波形是放大器集电极电流波形，下面波形是负载两端的电压波形。仿真过电压、欠电压和临界等情况，观察集电极电流波形和输出电压波形。

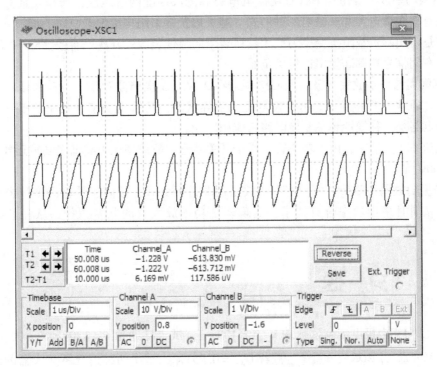

图 4-34　高频谐振功率放大器波形

2）观察丙类功放的调谐特性，测试丙类功放的负载特性。

3）观察激励信号变化、负载变化对工作状态的影响。

小 结

1. 功率放大器的任务是输出供给负载足够大的信号功率，其主要性能指标是输出功率和效率，丙类谐振功率放大器可获得高效率的功率放大。

放大器按晶体管集电极电流流通的时间不同，可分为甲类、乙类、丙类等工作状态，其中丙类工作状态（导通角 θ 小于 90°的状态）效率最高，但这时晶体管的集电极电流波形失真严重。采用 LC 谐振网络作为放大器的负载，可克服工作在丙类状态所产生的失真，但谐振网络通频带较窄，所以丙类谐振功率放大器适用于窄带高频信号的功率放大。

2. 丙类谐振功放效率高的原因在于晶体管导通时间短，集电极功耗小。导通角越小，则输出功率越小，所以选择合适的导通角，是丙类谐振功放在兼顾效率和功率两个指标时的一个重要考虑。

3. 谐振功放中，根据晶体管工作是否进入饱和区，分为欠电压、临界和过电压三种工作状态。丙类谐振功放的工作状态和性能分析，常采用折线分析法。利用此分析法，可得到谐振功放的负载特性、放大特性、调制特性等。由负载特性可知，放大器工作在临界状态时，输出功率最大，效率比较高，通常将相应的 R_e 值称为谐振功率放大器的最佳负载阻抗，也称负载匹配。

4. 谐振功率放大器由功率管直流馈电电路和滤波匹配网络组成，谐振功放集电极直流馈电电路有串联馈电和并联馈电两种形式。基极偏置常采用自给偏置电路。滤波匹配网络的主要作用是将实际负载阻抗变换为放大器所要求的最佳负载；其次是有效滤除不需要的高次谐波并把有用信号功率高效率地传给负载。

5. 将丙类谐振功放集电极谐振回路调谐在 2 次或 3 次谐波频率上，就可以构成二倍或三倍频器。通常丙类倍频器工作在欠电压或临界状态，其输出功率和效率均低于基波放大器。倍频电路是一种线性频率变换电路，应用广泛。

丁类功率放大器中，由于功率管工作于开关状态，故效率比丙类谐振功放还要高，理论上可达 100% 以上。

6. 谐振功放属于窄带功放，宽带功放采用非谐振方式，级间用传输线变压器作为宽带匹配网络，同时采用功率合成技术，实现多个功率放大器的联合工作，从而获得大功率输出。

习 题

4.1 已知集电极电流余弦脉冲 $i_{Cmax} = 100\text{mA}$，试求导通角 $\theta = 120°$ 和 $\theta = 70°$ 时集电极电流的直流分量 I_{C0} 和基波分量 I_{c1m}；若 $U_{cm} = 0.95V_{CC}$，求出两种情况下放大器的效率各为多少？

4.2 已知谐振功率放大器的 $V_{CC} = 24V$，$I_{C0} = 250mA$，$P_o = 5W$，$U_{cm} = 0.9V_{CC}$，试求该放大器的 P_D、P_C、η_C 以及 I_{c1m}、i_{Cmax}、θ。

4.3 在谐振功率放大器中，若 V_{BB}、U_{bm} 及 R_C 不变，但当 V_{CC} 改变时，有明显变化，问此时放大器工作在何种状态？为什么？

4.4 谐振功率放大器电路如图 4-35 所示，试从馈电方式、基极偏置和滤波匹配网络等方面，分析这些电路的特点。

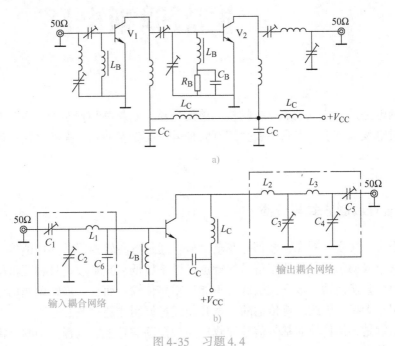

图 4-35 习题 4.4

4.5 某谐振功率放大器输出电路的交流通路如图 4-36 所示。工作频率为 2MHz，已知天线等效电容 $C_A = 500pF$，等效电阻 $r_A = 8\Omega$，若放大器要求 $R_e = 80\Omega$，求 L 和 C。

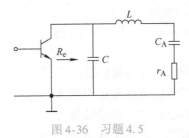

图 4-36 习题 4.5

4.6 一谐振功率放大器，要求工作在临界状态。已知 $V_{CC} = 20V$，$P_o = 0.5W$，$R_L = 50\Omega$，集电极电压利用系数为 0.95，工作频率为 10MHz。用 L 形网络作为输出滤波匹配网络，试计算该网络的元件值。

第5章

振幅调制电路

振幅调制电路是无线电发送设备的核心单元电路，它与高频振荡器、倍频器、高频放大器等构成无线电发送系统，本章主要介绍调幅信号的类型及特点、振幅调制电路的工作原理与应用。

5.1　信号调制方式与分类

原始的语言、文字、图像、数据等非电信号，通过各种转换器转换成电信号，称这种电信号为基带信号或调制信号。调制信号的特点是频率较低、频带较宽且相互重叠。若将这些较低频率的信号直接传输，效率就很低，不能远距离传输；而且，多路调制信号同时向空中辐射必然会相互干扰。因此，待传输的信号必须经过调制才能有效发送。

所谓调制就是将待传输的基带信号加载到高频振荡信号上的过程。调幅是模拟调制方式之一，调制的种类很多，分类方法各不相同。按调制信号形式可分为模拟调制和数字调制；按载波信号形式可分为正弦波调制、脉冲调制等。通常调制方式分类如图 5-1 所示。

正弦波有三个要素：幅度、频率和相位。相应的模拟调制方式有幅度调制（Amplitude Modulation，AM）、频率调制（Frequency Modulation，FM）和相位调制（Phase Modulation，PM）。

信号调制的实质是将基带信号搬移到高频载波上去，也就是频谱搬移的过程。频谱的搬移可分为线性搬移和非线性搬移。如果在搬移过程中，信号的频谱结构不发生变化，搬移前后各频率分量的比例关系不变，只是在频域上的位置发生变化，这类搬移称为线性搬移，如幅度调制、混频等属于频谱线性搬移。如

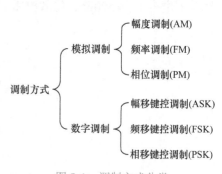

图 5-1　调制方式分类

果在搬移过程中，不仅在信号的频域上搬移，而且频谱结构也发生了变化，这类搬移称为非线性搬移，如频率调制和相位调制属于频谱非线性搬移。

图 5-2 所示为调制信号、载波信号以及已调信号三种波形关系。

模拟信号的调制方式如上所述，而数字量对载波进行调制时，根据被调制的参数不同，

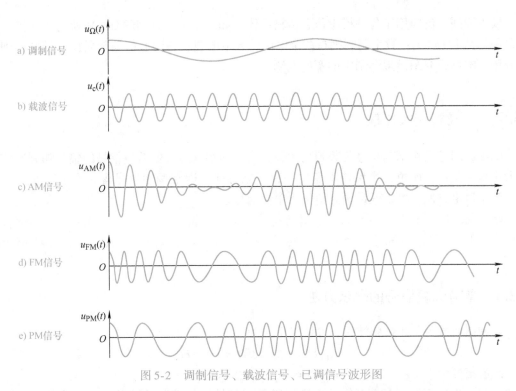

图 5-2　调制信号、载波信号、已调信号波形图

也有三种调制方式。如图5-3所示，用数字量去控制载波信号的幅度时，称为幅移键控调制，简称为 ASK（Amplitude Shift Keying）调制。用数字量去控制载波信号的频率时，称为频移键控调制，简称为 FSK（Frequency Shift Keying）调制。用数字量去控制载波信号的相位时，称为相移键控调制，简称为 PSK（Phase Shift Keying）调制。

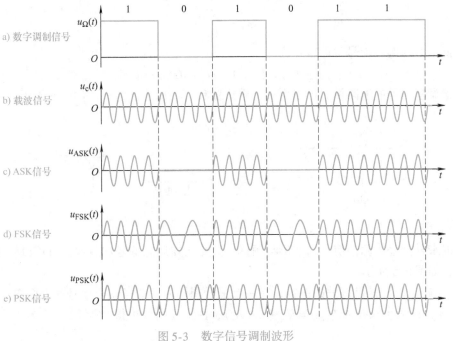

图 5-3　数字信号调制波形

模拟调制广泛应用于各种模拟信息传输系统，如广播电台采用的是 AM 调制，立体声广播采用的是 FM 调制；数字调制则在数字电话、数字电视、移动通信等新兴技术领域得到广泛应用。本章只介绍模拟调制中的幅度调制。

5.2   普通调幅原理

幅度调制是指将调制信号装载到高频载波信号的幅度上，使载波信号的幅度随调制信号的大小线性变化，而角频率保持不变的一种调制方式。通常调制信号含有许多工作频率成分，为了讨论方便，可以假设调制信号为单频信号。

幅度调制按其输出已调波信号频谱结构的不同可分为普通调幅信号（AM）、抑制载波的双边带调幅信号（DSB）、抑制载波的单边带调幅信号（SSB）以及残留边带调幅信号（VSB）。

5.2.1   普通调幅信号的表示方法

若调制信号为单频余弦波时，设调制信号为

$$u_\Omega(t) = u_{\Omega m}\cos\Omega t = \cos 2\pi F t$$

载波信号为

$$u_c(t) = U_{cm}\cos\omega_c t = \cos 2\pi f_c t$$

且 $f_c \gg F$，由幅度调制定义可知，幅度调制是用基带信号控制载波的振幅，使载波的振幅随基带信号的规律变化，因此调制后形成的已调波 $u_{AM}(t)$ 可以表示为

$$u_{AM}(t) = (U_{cm} + k_a u_\Omega(t))\cos\omega_c t$$

已调信号的振幅部分也可以表示为

$$U_{cm} + k_a u_\Omega(t) = U_{cm}(1 + m_a\cos\Omega t)$$

式中

$$m_a = \frac{k_a U_{\Omega m}}{U_{cm}}$$

因此，普通调幅信号可以表示为

$$u_{AM}(t) = U_{cm}(1 + m_a\cos\Omega t)\cos\omega_c t \tag{5-1}$$

普通调幅信号的电路模型可以由一个乘法器和一个加法器组成，如图 5-4 所示。

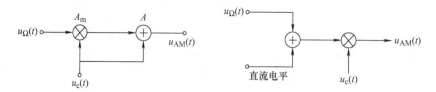

图 5-4   普通调幅电路模型

下面来分析普通调幅信号的波形与频谱。只要已知调制信号和载波，就可以画出已调波的波形，如图 5-5 所示。

$U_{cm} + k_a u_\Omega(t)$ 是已调波的振幅，在一个信号周期内，普通调幅信号最大振幅为 $U_{cmax} = U_{cm}(1 + m_a)$，最小振幅为 $U_{cmin} = U_{cm}(1 - m_a)$，由上述两式可得

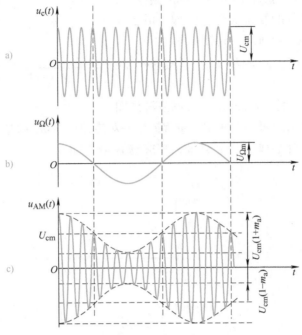

图 5-5 普通调幅信号的波形

$$m_a = \frac{U_{cmax} - U_{cmin}}{U_{cmax} + U_{cmin}} \tag{5-2}$$

式(5-2) 表明，$m_a \leqslant 1$，且 m_a 越大，调幅波的外包络线凹陷越深，即调制越深。若 $m_a > 1$，则调幅信号的包络线形状与调制信号不同，产生过调失真，如图 5-6 所示。

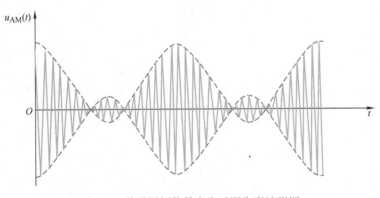

图 5-6 普通调幅信号产生过调失真波形图

将式(5-1) 按三角函数展开可得

$$u_{AM}(t) = U_{cm}\cos\omega_c t + m_a U_{cm}\cos\Omega t\cos\omega_c t$$

即 $u_{AM}(t) = U_{cm}\cos\omega_c t + \frac{1}{2}m_a U_{cm}\cos(\omega_c + \Omega)t + \frac{1}{2}m_a U_{cm}\cos(\omega_c - \Omega)t \tag{5-3}$

由式(5-3) 可知，普通调幅信号 $U_{AM}(t)$ 的频谱包含三种频率成分：ω_c（载波）、$\omega_c + \Omega$（上边频）、$\omega_c - \Omega$（下边频），频谱图如图 5-7 所示。频带宽度 $BW_{AM} = (\omega_c + \Omega) - (\omega_c - \Omega) = 2\Omega$。

实际上，调制信号一般不是单一频率的余弦波，而是包含若干频率分量的复杂波形，例如，语音信号的频率为 $300 \sim 3000 \mathrm{Hz}$。假设调制信号

$$u_\Omega(t) = U_{\Omega m1}\cos\Omega_1 t + U_{\Omega m2}\cos\Omega_2 t + \cdots + U_{\Omega mn}\cos\Omega_n t$$
$$(5\text{-}4)$$

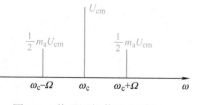

图 5-7　普通调幅信号频谱图

调制信号波形图如图 5-8a 所示，已调波波形图如图 5-8b 所示。调制后对每一个频率分量都产生一对边频，即 $\omega_c \pm \Omega_1$、$\omega_c \pm \Omega_2$、$\cdots$、$\omega_c \pm \Omega_n$，上、下边频的集合形成上、下边带，相应的频谱图如图 5-9 所示，此时频带宽度为 $BW_{\mathrm{AM}} = 2\Omega_n$。

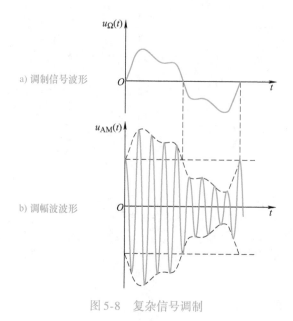

图 5-8　复杂信号调制

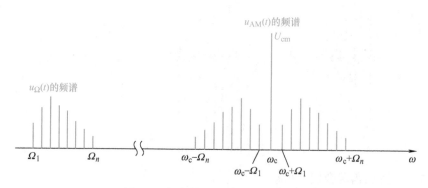

图 5-9　复杂信号调制时调幅波频谱

5.2.2　普通调幅信号的功率

由式(5-3) 可求得载波和上、下边频在单位电阻 （$R=1\Omega$） 上的平均功率。

载波功率为
$$P_{\text{c}} = \frac{1}{2} U_{\text{cm}}^2 \qquad (5\text{-}5)$$

边频功率为
$$P_{\text{SB上}} = P_{\text{SB下}} = \frac{1}{2}\left(\frac{m_{\text{a}}}{2} U_{\text{cm}}\right)^2 = \frac{1}{4} m_{\text{a}}^2 P_{\text{c}} \qquad (5\text{-}6)$$

调制信号在一个周期内的平均功率为
$$P_{\text{av}} = P_{\text{c}} + P_{\text{SB上}} + P_{\text{SB下}} = P_{\text{c}}\left(1 + \frac{1}{2} m_{\text{a}}^2\right) \qquad (5\text{-}7)$$

由式(5-7)可以看出，当 $m_{\text{a}} = 1$ 时，包含有用信息的上、下边频功率只占总功率的 1/3，不含有用信息的载波功率占总功率的 2/3。实际应用中调幅系数是小于 1 的，因此，AM 调制能量利用率是很低的。但由于这种调制设备简单，解调电路更简单，便于接收，所以它在某些领域仍有应用，目前 AM 制式主要应用于中短波无线电广播系统中。

5.3 其他调幅信号

5.3.1 双边带调幅信号

从普通调幅信号频谱结构可知，载波分量不含有调制信号信息，只有其上、下边频才含有调制信号信息。而载波分量占去绝大部分能量，如果在发射无线电波时将载波分量抑制掉，那么就可以大大提高发射机功率有效性。这种抑制载波、只发送含有信息的上、下边带的调制方式称为双边带调幅，简称 DSB 调制。

若调制信号为单频余弦信号，则双边带调幅信号数学表达式为
$$u_{\text{DSB}}(t) = K u_{\text{c}}(t) u_{\Omega}(t) = K U_{\text{cm}} \cos\omega_{\text{c}} t \, U_{\Omega\text{m}} \cos\Omega t \qquad (5\text{-}8)$$

即
$$u_{\text{DSB}}(t) = \frac{1}{2} K m_{\text{a}} U_{\text{cm}} \cos(\omega_{\text{c}} + \Omega)t + \frac{1}{2} K m_{\text{a}} U_{\text{cm}} \cos(\omega_{\text{c}} - \Omega)t \qquad (5\text{-}9)$$

式(5-9)仅包含上、下边频分量，其中 K 为常数，由式(5-8)可以看出，双边带调幅可以用一个乘法器实现，电路模型如图 5-10 所示。

根据式(5-8)和式(5-9)，可以画出双边带调幅信号的波形图和频谱图，如图 5-11 所示。

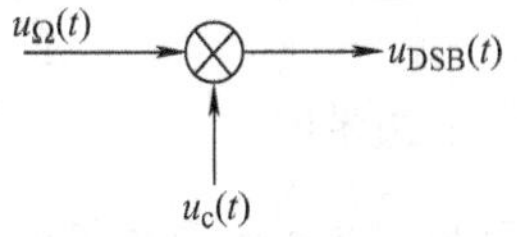

图 5-10 双边带调幅电路模型

由频谱图可知，双边带调制信号的频谱宽度为
$$BW_{\text{DSB}} = 2\Omega \qquad (5\text{-}10)$$

双边带调幅同普通调幅比较有以下特点：

1）从波形图上看，DSB 调幅信号包络线不按调制信号规律变化，调制信号每次过零值时，DSB 信号波形均发生 180° 的相位突变，而 AM 调幅信号的包络线按调制信号规律变化。

2）从频谱图上看，DSB 调幅信号不含载波分量，发射机有效功率利用率高；而 AM 调幅信号含有载波分量，发射机有效功率利用率低。

3）DSB 调幅信号和 AM 调幅信号带宽相同，均为 $BW = 2\Omega$，所以，信道的利用率仍然是不经济的。

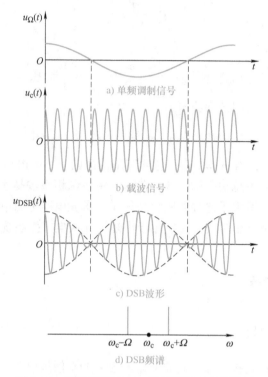

图 5-11　单频调制时 DSB 信号波形及其频谱图

5.3.2　单边带调幅信号

由于双边带调幅信号上、下边带都含有调制信号的全部信息，为了节省发射功率，减小频谱宽度只发射一个边带，这种只传输一个边带的调幅方式称为单边带调幅，简称 SSB 调制。SSB 调幅信号数学表达式为

取上边带时
$$u_{SSB}(t) = \frac{1}{2}Km_a U_{cm}\cos(\omega_c + \Omega)t \tag{5-11}$$

取下边带时
$$u_{SSB}(t) = \frac{1}{2}Km_a U_{cm}\cos(\omega_c - \Omega)t \tag{5-12}$$

因此，SSB 信号是等幅波，其幅值与调制信号的幅值成正比，其频率随调制信号变化而变化，因此它含有信息特征。SSB 调幅信号的波形图和频谱图如图 5-12 所示。单边带调幅的带宽为

$$BW_{SSB} = \Omega \tag{5-13}$$

可见单边带调幅信号的带宽是 AM、DSB 调幅信号的一半。

单边带调幅电路有两种实现方法：滤波法和移相法。

1. 滤波法

滤波法产生 SSB 调幅信号电路模型如图 5-13 所示，其中乘法器产生 DSB 调幅信号，然后由带通滤波器取出一个边带信号，抑制掉另一个边带信号，即得到 SSB 调幅信号。

这种方法原理简单，但在实际应用过程中，并不容易实现，特别是调制信号含有较多低

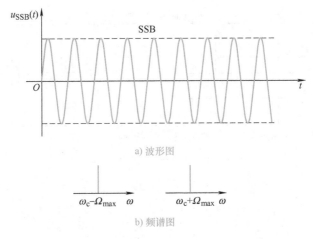

a) 波形图

b) 频谱图

图 5-12 SSB 调幅信号的波形图和频谱图

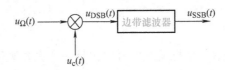

图 5-13 滤波法产生 SSB 信号电路模型

频分量时，上、下两个边带相距很近，如果用滤波器完全取出一个边带而滤除另一个边带，这样的滤波器制作起来非常困难。为了解决这个问题，要采用对频谱进行多次搬移的方法即多次滤波法来实现，如图 5-14 所示。

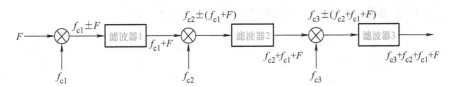

图 5-14 多次滤波法产生 SSB 信号电路模型

2. 移相法

这种方法是基于单边带调幅信号的时域表达式，利用三角函数公式：

$$\cos(\alpha \pm \beta) = \cos\alpha\cos\beta \mp \sin\alpha\sin\beta$$

可将式 (5-11) 和式 (5-12) 写成

$$u_{\text{SSB}}(t) = \frac{1}{2}Km_{\text{a}}U_{\text{cm}}(\cos\omega_{\text{c}}t\cos\Omega t \mp \sin\omega_{\text{c}}t\sin\Omega t) \qquad (5\text{-}14)$$

因此，先把调制信号和载波信号相乘，再用两个移相器分别将本为余弦信号的调制信号和载波信号相移 90°，成为正弦信号后相乘，然后进行相加（或相减），就可以实现单边带调幅，如图 5-15 所示。

移相法的关键是移相器，要求精确移相 90°且幅频特性为常数，这种电路制作起来是很困难的，因此提出了修正的移相滤波法，具体请参考有关资料。

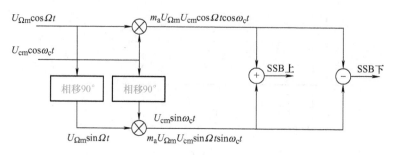

图 5-15　移相法产生 SSB 信号电路模型

　　SSB 调幅方式在传送信息时不但有效功率利用率高，而且它所占用的带宽比 AM 调幅、DSB 调幅的带宽减少了一半，频带利用充分，目前已成为短波通信中一种重要的调制方式。

5.3.3　残留边带调幅信号

　　单边带调幅方式有其优点，但也存在滤波器制作困难、接收机解调电路复杂等缺点，因此提出了残留边带调幅方式。

　　所谓残留边带调幅（VSB）是指发送信号中包括一个完整边带、载波及另一个边带的小部分（即残留一小部分），就好像是将双边带信号频谱在载波分量附近斜切一刀而得，上边带被切除的部分，恰好由下边带剩余部分来补偿，从频谱图上看，即要求图中阴影三角形面积相等（见图 5-16c），在技术上可由互补对称滤波器来完成。因此残留边带调幅信号既比普通调幅信号节省频带，又避免了单边带调幅信号滤波器制作困难的问题。如图 5-16 所示，从上到下依次为双边带调幅信号（DSB）、单边带调幅信号（SSB）和残留边带调幅信号（VSB），产生残留边带调幅信号的电路模型如图 5-17 所示。

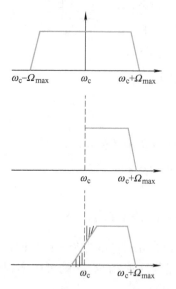

图 5-16　几种调幅信号频谱示意图

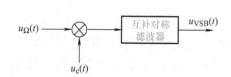

图 5-17　残留边带调幅信号电路模型

　　残留边带调幅既具有单边带调幅的特点，又克服了滤波器制作困难的问题。在广播电视发射系统中，为了节约频带，同时又便于接收机进行检波，其图像信号的调制就采用了残留边带调幅。残留边带调幅广泛应用于广播电视系统中。

例5-1 试分别画出下列电压表达式所对应的波形和频谱图，并说明它们各为何种信号（令 $\omega_c = 9\Omega$）。

（1）$u = (1 + \cos\Omega t)\cos\omega_c t$　　　（2）$u = \cos\Omega t \cos\omega_c t$

（3）$u = \cos(\omega_c + \Omega)\,t$　　　　　（4）$u = \cos\Omega t + \cos\omega_c t$

解：（1）普通调幅信号，$m_a = 1$，波形与频谱如图 5-18a 所示。

（2）DSB 调幅信号，波形与频谱如图 5-18b 所示。

（3）SSB 调幅信号，波形与频谱如图 5-18c 所示。

（4）低频信号与高频信号相叠加，波形与频谱如图 5-18d 所示。

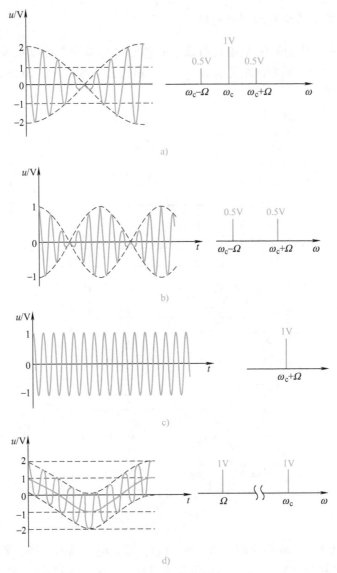

图 5-18　例 5-1 波形与频谱图

5.4 调幅电路分析

调幅电路按输出功率的高低，可分为高电平调幅电路和低电平调幅电路。对调幅电路的要求是调制效率高、调制线性范围大、失真小等。低电平调幅是将调制和功放分开，调制在低电平级实现，然后经线性功率放大器的放大，达到一定的功率后再发送出去，低电平调幅电路目前广泛采用二极管双平衡相乘器和双差分对模拟相乘器构成；高电平调幅是将调制和功放合二为一，调制后的信号不需再放大就可以直接发送出去，高电平调幅通常在丙类谐振功率放大器中进行，根据调制信号所加的电极不同，有基极调幅、集电极调幅等。双边带调幅信号和单边带调幅信号一般都采用低电平调幅电路，高电平调幅电路一般用以产生普通调幅波。

1. 集成模拟乘法器构成的调幅电路

MC1496 是根据双差分对模拟相乘器基本原理制成的单片集成模拟乘法器，为 14 脚的双列直插式封装（DIP）或表面贴片封装（SO），既可以双端输出，也可以单端输出，因此称为平衡式调制电路。

MC1496 内部电路如图 5-19 所示。实际应用中，为了保证晶体管工作在放大状态而正常工作，MC1496 各引脚的直流电位一般应满足下列要求：

1）$U_1 = U_4$，$U_8 = U_{10}$，$U_6 = U_{12}$。

2）$U_{6(12)} - U_{8(10)} \geqslant 2\text{V}$，$U_{8(10)} - U_{4(1)} \geqslant 2.7\text{V}$，$U_{4(1)} - U_5 \geqslant 2.7\text{V}$。

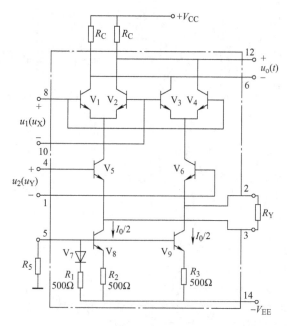

图 5-19　MC1496 内部电路

图 5-20 所示为 MC1496 构成的 DSB 调幅电路，是低电平调幅电路。图中 R_8、R_9 用来分压，以便提供相乘器内部 $V_1 \sim V_4$ 管的基极偏置电压；负电源通过 RP、R_1、R_2 及 R_3、R_4 的分压供给相乘器内部 V_5、V_6 管的基极；RP 称为载波调零电位器，调节 RP 可使电路对称以

减小载波信号输出；R_C 为输出端的负载电阻，接于 2、3 端的电阻 R_Y 用来扩大 u_Ω 的线性动态范围。可求得图中 $I_0/2 = 1\text{mA}$。如果电路不对称，输出的是 AM 信号。

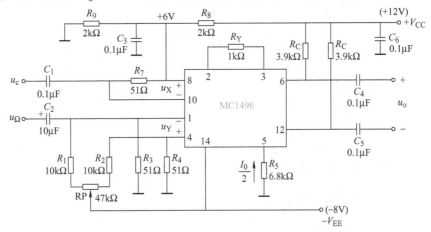

图 5-20　MC1496 构成的调幅电路

2. 晶体管调幅电路

图 5-21 所示为基极调幅电路，是高电平调幅电路。

高频载波信号 $u_c(t)$ 通过高频变压器 Tr_1 和 L_1、C_1 构成的 L 形网络加到晶体管的基极，低频调制信号 $u_\Omega(t)$ 通过低频变压器 Tr_2 加到晶体管的基极。C_2 为旁路电容，用来为载波信号提供通路，但对低频信号容抗很大，C_3 为低频耦合电容，用来为低频信号提供通路。令 $u_\Omega(t) = U_{\Omega m}\cos\Omega t$，$u_c(t) = U_{cm}\cos\omega_c t$，由图可见，晶体管 B、E 之间的电压为

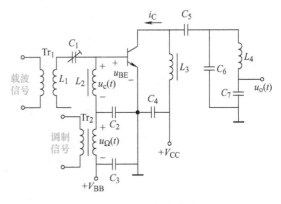

$$u_{BE} = V_{BB} + U_{\Omega m}\cos\Omega t + U_{cm}\cos\omega_c t$$

其波形如图 5-22a 所示。在调制过程

图 5-21　基极调幅电路

中，晶体管的基极电压随调制信号 u_Ω 的变化而变化，使放大器的集电极脉冲电流的最大值 i_{Cmax} 和导通角 θ 也按调制信号的大小而变化，如图 5-22b 所示。将集电极谐振回路调谐在载频 f_c 上，那么放大器的输出端便可获得如图 5-22c 所示的调幅波电压 u_o。为了减小调制失真，谐振放大器在调制信号变化范围内应始终工作在欠电压状态，所以基极调幅集电极效率比较低。

图 5-23 所示为集电极调幅电路。高频载波信号从基极加入，调制信号通过变压器 Tr_2 加到晶体管的集电极，并与直流电源 V_{CC} 相串联，若 $u_\Omega(t) = U_{\Omega m}\cos\Omega t$，则晶体管集电极电压 $u_{CE} = V_{CC} + U_{\Omega m}\cos\Omega t$ 将随 $u_\Omega(t)$ 变化而变化。根据谐振功率放大器工作原理可知，只有当放大器工作在过电压状态时，才能使得集电极脉冲电流的基波振幅 I_{c1m} 随 $u_\Omega(t)$ 成正比变化，实现调幅。图中采用基极自偏压电路（R_B、R_C），可减小调幅失真。集电极调幅由于工作在过电压状态，所以能量转换效率比较高，适用于较大功率的调幅发射机。

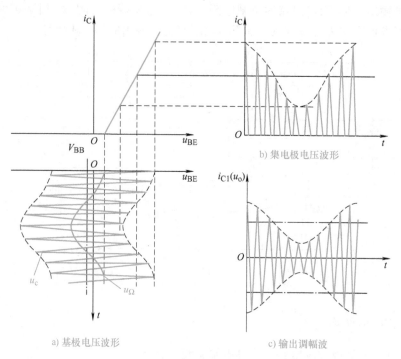

图 5-22　基极调幅波形

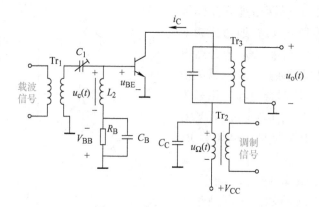

图 5-23　集电极调幅电路

5.5　仿真实训

5.5.1　普通调幅及双边带调幅电路

1. 仿真目的

1）了解调幅波的性质。

2）掌握调幅波普通调幅和双边带调幅的基本原理以及实现方法。

2. 仿真电路

打开 Multisim 软件, 绘制普通调幅电路, 如图 5-24 所示, 载波信号频率为 20kHz, 有效值为 1V, 调制信号频率为 1000Hz, 有效值为 1V, 直流电源电压为 2V。运行电路, 测得普通调幅信号波形如图 5-25 所示, 频谱图如图 5-26 所示。

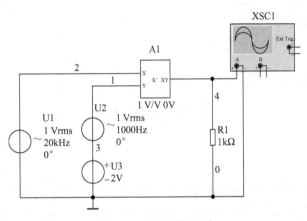

图 5-24　普通调幅电路

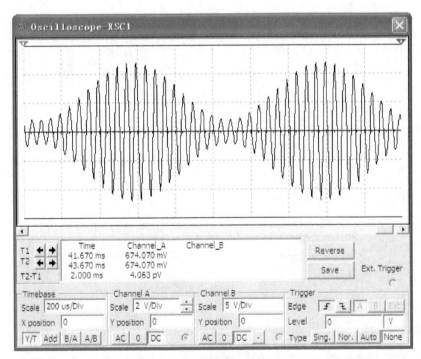

图 5-25　普通调幅信号波形

双边带调幅电路如图 5-27 所示, 载波信号频率为 20kHz, 有效值为 1V, 调制信号频率为 1000Hz, 有效值为 1V。运行电路, 测得双边带调幅信号波形如图 5-28 所示, 频谱图如图 5-29 所示。

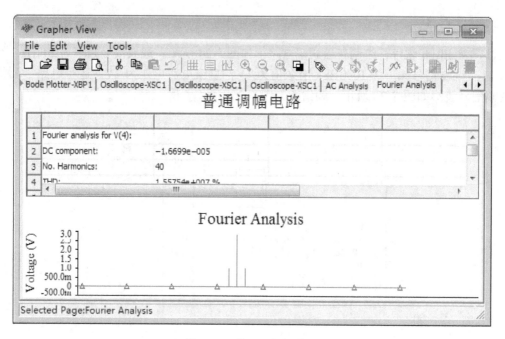

图 5-26 普通调幅频谱图

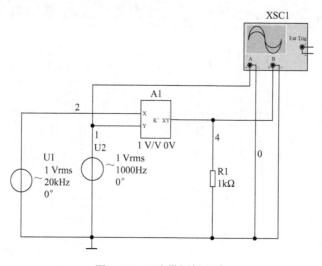

图 5-27 双边带调幅电路

3. 测试内容

1）改变普通调幅电路调制信号幅度，测试其与调制指数之间的关系，观察过调现象。

2）分析普通调幅电路输出调制信号的频谱，观察频谱搬移情况。

3）测试双边带调幅电路输出调幅信号波形。

4）分析双边带调幅电路输出调制信号的频谱，观察频谱搬移情况。

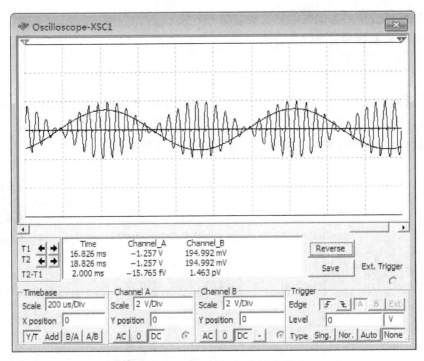

图 5-28 双边带调幅信号波形

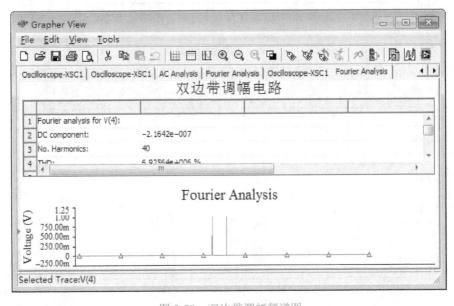

图 5-29 双边带调幅频谱图

5.5.2 集电极调幅电路

1. 仿真目的

1) 掌握用晶体管进行集电极调幅的原理和方法。

2）研究已调波信号与调制信号及载波信号的关系。

3）掌握调幅系数测量与计算方法。

2. 仿真电路

集电极调幅电路如图 5-30 所示，载波信号频率为 46.5kHz，幅值为 2V，调制信号频率为 4.65kHz，幅值为 1.1V，这个幅值影响调幅度，仿真时变换调制信号幅度，观察调幅度的变化。运行电路，测得集电极调幅信号波形如图 5-31 所示。

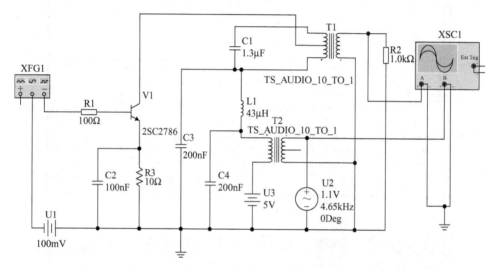

图 5-30　集电极调幅电路

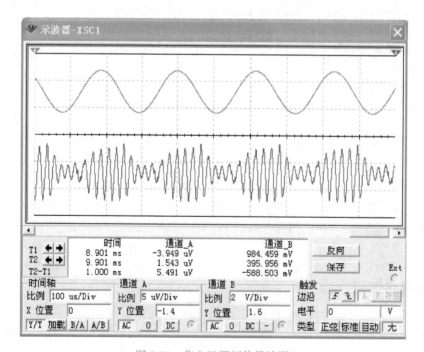

图 5-31　集电极调幅信号波形

3. 测试内容

1) 测试丙类功放工作状态与集电极调幅的关系。

2) 观察改变调幅度后输出波形的变化情况并计算调幅度。

5.5.3　MC1496集成电路构成的调幅电路

1. 仿真目的

1) 学习子电路绘制方法。

2) 掌握MC1496集成电路构成的调幅电路工作原理。

3) 观察普通调幅波及抑制载波的调幅波的产生。

4) 了解过调现象。

2. 仿真电路

打开Multisim软件，绘制如图5-32所示的MC1496集成子电路，以子电路X_1为核心绘制图5-33所示的调幅电路，电路中输入调制信号频率为1kHz，幅值为100mV；载波信号频率为100kHz，幅值为300mV。

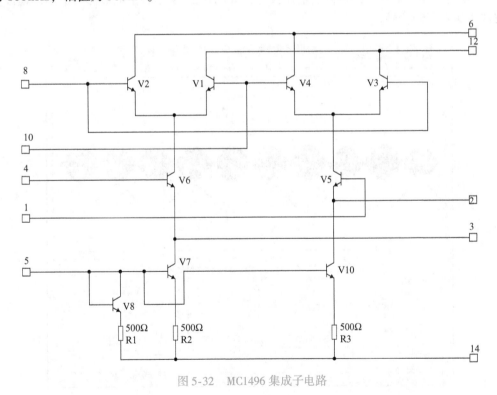

图5-32　MC1496集成子电路

3. 测试内容

1) 输入调制信号和载波信号为零时，测试各引脚直流电位，与理论值相比较。

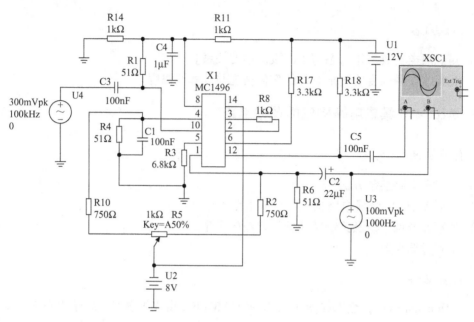

图 5-33　MC1496 集成电路构成的调幅电路

2）运行电路，观察电路输入、输出波形，如图 5-34 所示，上面波形为输出调幅波，下面波形为输入调制信号。

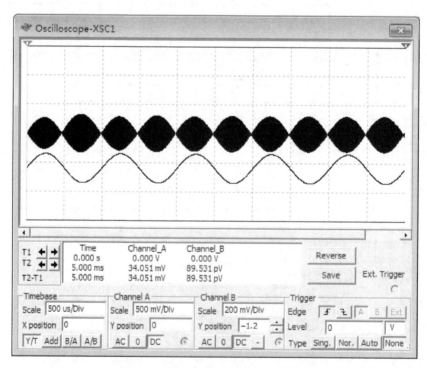

图 5-34　MC1496 调幅电路输出波形

3）改变输入调制信号的幅值，观察输出调幅波的变化。

4）改变电位器 R_5 中间触头位置，输出有载波的调幅信号，观察输出调幅波的变化。

小　结

1. 调制就是将待传输的基带信号加载到高频信号上的过程，按基带信号形式不同有模拟信号调制和数字信号调制之分。基带信号为数字量时对载波信号的调制称为数字调制；基带信号为模拟量时对载波信号的调制称为模拟调制。

2. 幅度调制是用调制信号去改变高频载波振幅的过程，幅度调制属于线性频率变换过程，其电路基本模型是乘法器和滤波器。

3. 幅度调制信号有四种，它们是 AM 信号、DSB 信号、SSB 信号和 VSB 信号。AM 信号的包络线与原调制信号的幅度成对应关系，AM 信号和 DSB 信号的频带宽度为调制信号最高频率的 2 倍，SSB 信号频带宽度为 DSB 信号的一半，VSB 信号包含载波、一个完整的上边带和部分下边带。

4. 常用的调幅电路有二极管双平衡相乘器构成的调幅电路、集成模拟乘法器（如 MC1496）构成的调幅电路、基极调幅电路、集电极调幅电路。前两者属于低电平调幅电路，后两者属于高电平调幅电路。

习　题

5.1　已知调幅波信号 $u_o = [1 + \cos(2\pi \times 100t)]\cos(2\pi \times 10^5 t)\,\mathrm{V}$，试画出它的波形和频谱图，求出频带宽度 BW。

5.2　已知调幅波表达式 $u(t) = 5\cos(2\pi \times 10^6 t) + \cos[2\pi(10^6 + 5 \times 10^3)t] + \cos[2\pi(10^6 - 5 \times 10^3)t]\,\mathrm{V}$，试求出调幅系数及频带宽度，画出调幅波波形和频谱图。

5.3　已知单频普通调幅信号最大振幅为 12V，最小振幅为 4V，试求其载波振幅和边频振幅各是多少？调幅指数 m_a 是多少？

5.4　已知调幅波表达式 $u(t) = [2 + \cos(2\pi \times 100t)]\cos(2\pi \times 10^4 t)\,\mathrm{V}$，试画出它的波形图和频谱图，求出频带宽度。若已知 $R_L = 1\Omega$，试求载波功率、边频功率、调幅波在调制信号一周期内的平均总功率。

5.5　已知调幅波电压 $u(t) = [10 + 3\cos(2\pi \times 100t) + 5\cos(2\pi \times 10^3 t)]\cos(2\pi \times 10^5 t)\,\mathrm{V}$，试画出该调幅波的频谱图，求出其频带宽度。

第6章

振幅解调与混频电路

超外差式调幅接收设备组成见图 1-5，除了放大器和振荡器之外，还有两部分重要电路：混频器和检波器。本章主要介绍混频器、检波器的基本原理和常用电路，与调幅电路一样，混频器和检波器都属于频谱变换电路。

6.1 振幅解调电路

6.1.1 振幅解调的基本原理

解调与调制过程相反，从高频调幅波中取出原调制信号的过程，称为振幅解调，也称振幅检波，简称检波。从频谱上看，高频已调波包含高频载波和边频分量，检波电路输出的是原低频调制信号，它在频域上的作用是将振幅调制信号频谱不失真地搬回到原来的位置。图 6-1 给出了这种变化关系。

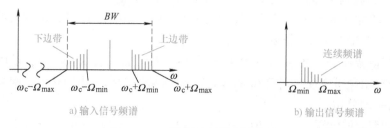

图 6-1 AM 信号检波的频谱变换

常用的振幅检波电路有两类，即包络检波电路和同步检波电路。输出电压直接反映高频调幅波包络变化规律的检波电路，称为包络检波电路，它只适用于普通调幅波的检波。同步检波电路又称相干检波电路，主要用于解调双边带和单边带调幅信号，有时也用于普通调幅波的解调。

对振幅检波电路的主要要求是检波效率高，失真小，并具有较高的输入电阻。

6.1.2 二极管包络检波电路

用二极管构成的包络检波器电路简单，性能优越，因而应用很广泛。

1. 工作原理

二极管包络检波电路如图 6-2a 所示，它由二极管 V 和 RC 低通滤波器串联组成。一般要求输入信号的幅度在 0.5V 以上，所以二极管处于大信号工作状态，故又称为大信号检波器。

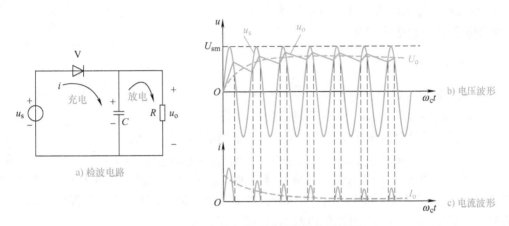

图 6-2　二极管包络检波器及其检波波形

设检波器未加输入电压时，电容 C 上没有储存电荷。当输入信号 u_s 是一角频率为 ω_c 的等幅波时，在 u_s 正半周内，二极管导通，u_s 通过二极管向电容 C 充电，因二极管的正向导通电阻为 $r_D(r_D = 1/g_D)$，且 $r_D \ll R$，所以充电时间常数为 $r_D C$；在 u_s 负半周内，二极管截止，C 通过电阻 R 放电，放电时间常数为 RC。由于 $r_D \ll R$，所以，在每个周期内，二极管导通时充电很快，而截止时放电很慢，u_o 将在这种不断充、放电过程中逐渐增大，如图 6-2b 所示。由于负载的反作用，由图 6-2a 可见，作用在二极管两端的电压为 $u_s - u_o$，只有当 $u_s > u_o$ 时二极管才导通，所以随着 u_o 的逐渐增大，二极管每个周期的导通时间逐渐变短，而截止时间逐渐变长，如图 6-2b 所示。这就使电容在每个周期内的充电电荷量逐渐减少，放电电荷量逐渐增多，当 C 的充电电荷量等于放电电荷量时，充放电达到动态平衡。这时输出电压 u_o 便稳定在平均值 U_o 上下按角频率 ω_c 做锯齿状的等幅波动。显然，其中的 U_o 就是检波器所需输出的检波电压，而在 U_o 上下的锯齿状波动则是因低通滤波器滤波特性不是理想的而附加在 u_o 上的残余高频电压。

通过以上分析可见，由于 U_o 的反作用，二极管只在 u_s 的峰值附近才导通，导通时间很短，电流导通角很小，通过二极管的电流是周期性的窄脉冲序列，如图 6-2c 所示。同时，二极管导通与截止时间的长短与 RC 的大小有关，RC 增大，C 的放电速度减慢，C 积累的电荷便增多，输出电压 u_o 增大，二极管的导电时间则越短。RC 电路的作用有两个：一是作为检波器的负载；二是起高频滤波作用。在实际电路中，为了提高检波性能，RC 的取值应满足 $RC \gg \dfrac{1}{\omega_c}$、$RC \ll \dfrac{1}{\Omega_{max}}$、$R \gg r_D$ 的条件，此处 ω_c 是载波角频率，Ω_{max} 是调制信号的最高角频率，此时可认为 $U_o \approx U_{sm}$。通常取

$$RC \geqslant (5 \sim 10)\frac{1}{\omega_c} \tag{6-1}$$

当输入信号 u_s 的幅度增大或减小时，检波器输出电压 u_o 也将随之近似成比例地升高或降低。当输入信号 u_s 为调幅波时，检波器输出电压 u_o 就随着调幅波的包络线而变化，从而获得调制信号，完成了检波作用，其检波波形如图 6-3 所示。由于输出电压 u_o 的大小与输入电压的峰值近似相等，故把这种检波器称为峰值包络检波器。

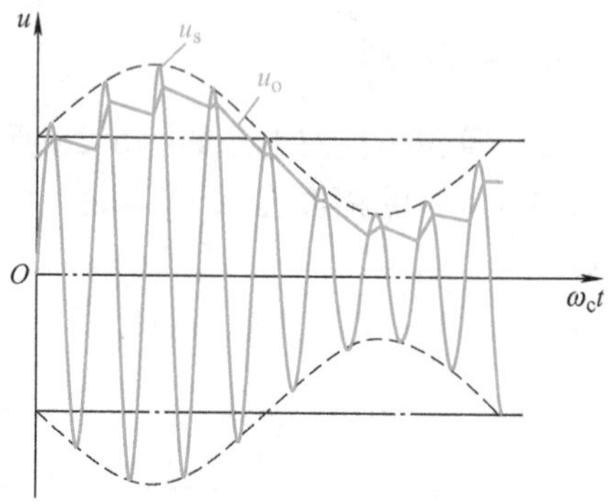

图 6-3 调幅波包络检波波形

2. 检波效率与输入电阻

（1）检波效率 若检波电路输入调幅波电压为
$u_s = U_{m0}(1 + m_a\cos\Omega t)\ \cos\omega_c t$，由于包络检波电路
输出电压与输入高频电压振幅成正比，所以，检波器输出电压 u_o 为

$$u_o = \eta_d U_{m0}(1 + m_a\cos\Omega t) = \eta_d U_{m0} + \eta_d U_{m0}m_a\cos\Omega t \qquad (6-2)$$

式中，η_d 称为检波电压传输系数，又称检波效率，η_d 小于 1，而近似等于 1，实际电路中 η_d 在 80% 左右，当 R 足够大时，η_d 为常数，故为线性检波；$\eta_d U_{m0}$ 为检波器输出电压中的直流分量，$\eta_d U_{m0}m_a\cos\Omega t$ 为解调输出的原调制信号电压。

（2）输入电阻 R_i 对于高频输入信号源来说，检波电路相当于一个负载，此负载就是检波电路的输入电阻 R_i，它定义为输入高频电压振幅对二极管电流中基波分量振幅之比。根据输入检波电路的高频功率与检波负载所获得的平均功率近似相等，可求得检波电路的输入电阻为

$$R_i \approx R/2 \qquad (6-3)$$

3. 惰性失真和负峰切割失真

根据前面的分析可知，二极管包络检波器工作在大信号检波状态时，具有较理想的线性解调性能，输出电压能够不失真地反映输入调幅波的包络变化规律。但是，如果电路参数选择不当，二极管包络检波器就有可能产生惰性失真和负峰切割失真。

（1）惰性失真 为了提高检波效率和滤波效果，常希望选取较大的 RC 值，使电容在载波周期 T_c 内放电很慢，但是当 RC 选得过大，也就是 C 通过 R 的放电速度过慢时，电容上的端电压便不能紧跟输入调幅波的幅度下降而及时放电，这样，输出电压将跟不上调幅波的包络变化而产生失真，如图 6-4 所示，这种失真称为惰性失真。要克服这种失真，必须减小 RC 的数值，使电容的放电速度加快，因此要求：

$$RC \leqslant \frac{\sqrt{1 - m_a^2}}{m_a\Omega} \qquad (6-4)$$

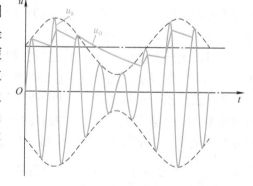

图 6-4 惰性失真波形

在多频调制时，作为工程估算，式(6-4) 中 m_a 应取最大调幅系数，Ω 应取最高调制角频率，因为在这种情况下最容易产生惰性失真。

（2）负峰切割失真 在实际电路中，检波电路的输出端一般需要经过一个隔直电容 C_c 与下级电路相连接，如图6-5a所示。图中，R_L 为下级（低频放大级）的输入电阻，为了传送低频信号，要求 C_c 对低频信号阻抗很小，因此它的容量比较大。这样检波电路对于低频的交流负载变为 $R'_L \approx R /\!/ R_L$ （因 $1/(\Omega C) \gg R$，故略去了 C 的影响），而直流负载仍为 R，且 $R'_L < R$，即说明该检波电路中直流负载不等于交流负载，并且交流负载电阻小于直流负载电阻。

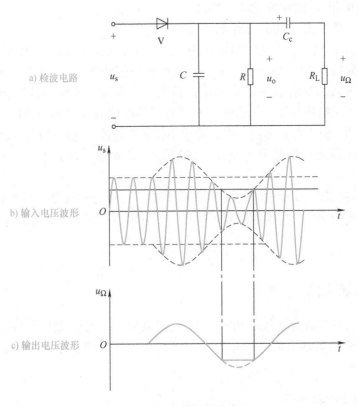

a) 检波电路

b) 输入电压波形

c) 输出电压波形

图6-5 负峰切割失真

当检波电路输入单频调制的调幅信号时，如图6-5b所示，如调幅系数 m_α 比较大时，因检波电路的直流负载电阻 R 与交流负载电阻 R'_L 数值相差较大，有可能使输出的低频电压 u_Ω 在负峰值附近被削平，如图6-5c所示，把这种失真称为负峰切割失真。根据分析，R'_L 与 R 满足下面的关系：

$$\frac{R'_L}{R} \geqslant m_{\alpha max} \tag{6-5}$$

就可以避免产生负峰切割失真。式（6-5）中，$m_{\alpha max}$ 为多频调制时的最大调幅系数。式（6-5）说明，R'_L 与 R 大小越接近，不产生负峰切割失真所允许的 m_α 值就越接近于1，或者说，当 m_α 一定时，R'_L 越大、R 越小，负峰切割失真就越不容易产生。

4. 二极管并联检波电路

二极管并联检波电路如图6-6所示。图中 C 是负载电容兼作隔直电容，R 是负载电阻，

与二极管 V 并联，为二极管电流中的平均
分量提供通路。鉴于 R 与二极管并联，所
以，把这种电路称为并联检波器，而把前面
讨论的二极管与 R 串联的检波电路称为串
联检波器。

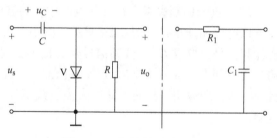

图 6-6 二极管并联检波电路

　　并联检波器与串联检波器的工作原理相
似。若输入高频电压 u_s 的幅度较大，则二
极管处于大信号工作状态，在 u_s 正半周内，
二极管导通，u_s 向 C 充电，充电时间常数为 $r_D C$；在 u_s 负半周内，二极管截止，C 通过 R
放电，放电时间常数为 RC。由于 $R \gg r_D$，C 充电很快而放电很慢，所以 C 两端建立起与输
入高频电压振幅近似相等的电压 u_C，其中的低频分量与输入高频电压的包络一致，所以，
并联检波器也属于包络检波器。但由图 6-6 可见，并联检波器的输出电压 u_o 并不等于 u_C，
而等于 u_s 与 u_C 的差值，即 $u_o = u_s - u_C$。其中不仅含有直流、低频电压，还含有输入高频电
压。因此，输出端还需加接低通滤波器，将高频成分滤除，如图 6-6 中点画线右边电路
所示。

　　与串联检波器比较，由于并联检波器中 R 通过 C 直接与输入信号源并联，因而 R 必然
消耗输入高频信号的功率。根据能量守恒原理，可以求得并联检波器的输入电阻为

$$R_i \approx \frac{1}{3} R \tag{6-6}$$

6.1.3 同步检波电路

　　同步检波电路与包络检波电路不同，检波时需要同时加入与载波信号同频同相的同步信
号。同步检波有两种实现电路，一种为乘积型同步检波电路，另一种为叠加型同步检波
电路。

1. 乘积型同步检波电路

　　利用模拟乘法器构成的同步检波电路称为乘积型同步检波电路，电路模型如图 6-7 所
示。在通信及电子设备中广泛采用二极管环形相乘器和双差分对模拟相乘器构成同步检波
电路。

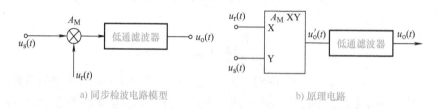

a) 同步检波电路模型　　　　　　　　b) 原理电路

图 6-7 同步检波

　　1）当输入 $u_s(t)$ 为双边带调幅波时，即 $u_s(t) = U_{sm}\cos\Omega t\cos\omega_c t$，同步信号 $u_r(t) = U_{rm}\cos\omega_c t$ 时，相乘器输出电压为

$$
\begin{aligned}
u_{o}'(t) &= A_{M}u_{s}(t)u_{r}(t) \\
&= A_{M}U_{sm}U_{rm}\cos\Omega t\cos^{2}\omega_{c}t \\
&= A_{M}U_{sm}U_{rm}\cos\Omega t\,\frac{1+\cos2\omega_{c}t}{2} \\
&= \frac{1}{2}A_{M}U_{sm}U_{rm}\cos\Omega t + \frac{1}{2}A_{M}U_{sm}U_{rm}\cos\Omega t\cos2\omega_{c}t
\end{aligned}
\tag{6-7}
$$

式(6-7) 右边第一项是所需的解调输出电压，而第二项为高频分量，可被低通滤波器滤除，所以低通滤波器输出电压为

$$
u_{o}(t) = \frac{1}{2}A_{M}U_{sm}U_{rm}\cos\Omega t = U_{om}\cos\Omega t
\tag{6-8}
$$

2）当输入 $u_{s}(t)$ 为单边带调幅波，即 $u_{s}(t) = U_{sm}\cos(\omega_{c}+\Omega)t$（上边带）时，则相乘器输出电压为

$$
\begin{aligned}
u_{o}'(t) &= A_{M}u_{s}(t)u_{r}(t) \\
&= A_{M}U_{sm}U_{rm}\cos(\omega_{c}+\Omega)t\cos\omega_{c}t \\
&= \frac{1}{2}A_{M}U_{sm}U_{rm}\cos\Omega t + \frac{1}{2}A_{M}U_{sm}U_{rm}\cos(2\omega_{c}+\Omega)t
\end{aligned}
\tag{6-9}
$$

式(6-9) 右边第一项是所需的解调输出电压，而第二项为高频分量，可被低通滤波器滤除，所以低通滤波器输出电压为

$$
u_{o}(t) = \frac{1}{2}A_{M}U_{sm}U_{rm}\cos\Omega t = U_{om}\cos\Omega t
\tag{6-10}
$$

图 6-8 所示为采用 MC1496 双差分对集成模拟相乘器组成的同步检波电路。图中同步信号 $u_{r}(t)$ 加到相乘器的 X 输入端，其值一般比较大，以使相乘器工作在开关状态；$u_{s}(t)$ 为调幅信号，加到 Y 输入端，其幅度可以很小，即使在几毫伏以下，也能获得不失真的解调。解调信号由 12 端单端输出，C_{5}、R_{6}、C_{6} 组成 π 形低通滤波器，C_{7} 为输出耦合隔直电容，用以耦合低频、隔除直流。MC1496 采用单电源供电，所以 5 端通过 R_{5} 接到正电源，以便为器件内部管子提供合适的静态偏置电流。

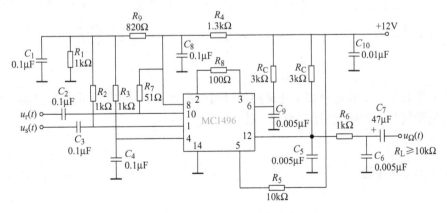

图 6-8　MC1496 乘积型同步检波电路

2. 叠加型同步检波电路

叠加型同步检波电路是将需解调的调幅信号与同步信号先进行叠加，然后用二极管包络检波电路进行解调的电路，其电路如图6-9所示。

设输入调幅信号为 $$u_s(t) = U_{sm}\cos\Omega t\cos\omega_c t$$

同步信号为 $u_r = U_{rm}\cos\omega_c t$，则它们相叠加后的信号为

$$u_i = u_r + u_s = U_{rm}\cos\omega_c t + U_{sm}\cos\Omega t\cos\omega_c t$$

$$= U_{rm}\left(1 + \frac{U_{sm}}{U_{rm}}\cos\Omega t\right)\cos\omega_c t \tag{6-11}$$

式(6-11)说明，当 $U_{rm} > U_{sm}$ 时，$m_a = \dfrac{U_{sm}}{U_{rm}} < 1$，合成信号为不失真的普通调幅波，因而通过包络检波电路便可解调出所需的调制信号。令包络检波电路的检波效率为 η_d，则检波输出电压为

$$u_o = \eta_d U_{rm}\left(1 + \frac{U_{sm}}{U_{rm}}\cos\Omega t\right)$$

$$= \eta_d U_{rm} + \eta_d U_{sm}\cos\Omega t \tag{6-12}$$

$$= U_o + u_\Omega$$

式中，$u_o = \eta_d U_{rm}$ 为检波输出的直流分量；$u_\Omega = \eta_d U_{sm}\cos\Omega t$ 为检波输出低频信号。

为了进一步减少谐波频率分量，可采用图6-10所示的平衡同步检波电路。可以证明，它的输出解调电压中频率为 2Ω 及其以上各偶次谐波的失真分量被抵消了。

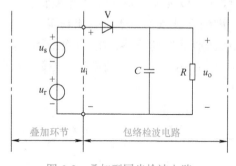

图6-9 叠加型同步检波电路

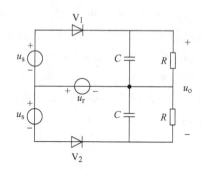

图6-10 平衡同步检波电路

最后必须指出，不管是乘积型还是叠加型同步检波，都要求同步信号和发送端载波信号严格保持同频同相，否则会引起解调失真。

6.2 混频电路

6.2.1 混频基本原理

混频电路广泛应用于通信及其他电子设备中，它是超外差式接收机的重要组成部分。在

发送设备中可用它来改变载波频率,以改善调制性能。在频率合成器中常用它来实现频率的加、减运算,从而得到各种不同频率等。

在通信接收机中,低噪声放大器将天线输入的微弱信号进行选频放大,然后送入混频器。混频器的作用在于将不同载频的高频已调波信号变换为较低的同一个固定载频(一般称为中频)的高频已调波信号,但保持其调制规律不变,然后送入中频放大器。例如,在超外差式广播接收机中,把载频位于 535～1605kHz 中波波段各电台的普通调幅信号变换为中频 465kHz 的普通调幅信号,把载频位于 88～108MHz 的各调频台信号变换为中频 10.7MHz 的调频信号;在电视接收机中,把载频位于四十几兆赫至近千兆赫频段内的各电视台信号变换为中频 38MHz 的视频信号。

通常要求混频电路的混频增益高,失真小,抑制干扰信号的能力强。

混频增益是指输出中频电压与输入高频电压的比值,即

$$A_C = U_I / U_s \tag{6-13}$$

用分贝数表示:

$$A_C = 20\lg U_I / U_s \, \mathrm{dB} \tag{6-14}$$

对于二极管环形混频电路,因混频增益小于 1,故用混频损耗来表示,它定义为 $10\lg(P_s/P_I)\mathrm{dB}$,式中 P_s 为输入高频信号功率,P_I 为输出中频信号功率。

混频电路又称变频电路,其作用是将已调信号的载频变换成另一载频,变换后新载频已调波的调制类型(调幅、调频等)和调制参数(如调制频率、调幅系数等)均不改变。混频电路作用示意图如图 6-11 所示,图中 $u_s(t)$ 是载频为 f_c 的普通调幅波,$u_L(t)$ 为本振电压信号,是由本地振荡器产生的频率为 f_L 的等幅余弦电压信号,混频电路输出电压 $u_I(t)$ 是载频为 f_I 的已调波电压,通常称 $u_I(t)$ 为中频电压。

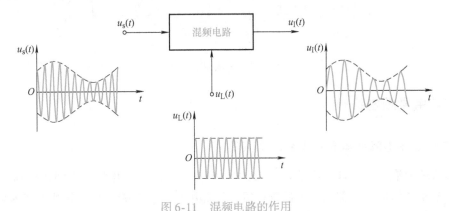

图 6-11 混频电路的作用

混频电路输出的中频频率可取输入信号频率 f_c 与本振频率 f_L 的和频或差频,即

$$f_I = f_c + f_L$$

或　　　　　　　$f_I = f_c - f_L (f_c > f_L$, 若 $f_c < f_L$, 取 $f_I = f_L - f_c) \tag{6-15}$

$f_I > f_c$ 的混频电路称为上混频器,$f_I < f_c$ 的混频电路称为下混频器。调幅广播收音机一般采用中频:

$$f_I = f_L - f_c \tag{6-16}$$

通常中频规定为 465kHz。

从频谱观点来看，混频的作用就是将已调波的频谱不失真地从 f_c 搬移到中频 f_I 的位置上，因此，混频电路是一种典型的频谱搬移电路，可以用相乘器和滤波器来实现这种搬移，如图 6-12a 所示。

设输入的调幅信号为一普通调幅波，其频谱如图 6-12b 所示，本振信号 $u_L(t)$ 与 $u_s(t)$ 经相乘器后，输出电压 $u_o(t)$ 的频谱如图 6-12c 所示，图中 $\omega_L > \omega_c$。可见，$u_s(t)$ 的频谱不失真地搬移到本振角频率 ω_L 的两边，一边搬到 $\omega_L + \omega_c$ 上，构成载波角频率为 $\omega_L + \omega_c$ 的调幅信号，另一边搬到 $\omega_L - \omega_c$ 上，构成载波角频率为 $\omega_L - \omega_c$ 的调幅信号。若带通滤波器调谐在 $\omega_I = \omega_L - \omega_c$ 上，则前者为无用的寄生分量，而后者经带通滤波器取出，便可得到中频调制信号。

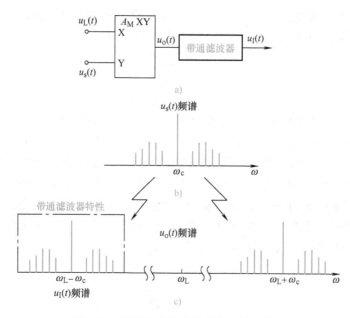

图 6-12　混频电路组成模型及信号频谱图

6.2.2　常用混频电路

1. 二极管环形混频器和双差分对混频器

二极管环形混频器组件采用精密配对的肖特基表面势垒二极管（或砷化镓器件）和传输线变压器组装而成。内部元件用硅胶粘接，外部用小型金属壳封装，其外形和内部电路如图 6-13 所示。二极管环形混频器的主要优点是工作频带宽（可达到几千兆赫）、噪声系数低、混频失真小、动态范围大等，但其主要缺点是没有混频增益。它有三个端口，分别以 L（本振）、R（输入）、I（中频）表示。

图 6-14 所示是采用环形混频器组件构成的混频电路，图中 u_s、R_{s1} 为输入信号源，u_L、R_{s2} 为本振信号源，R_L 为中频信号的负载。为了保证二极管工作在开关状态，本振信号 u_L 的功率必须足够大，而输入信号 u_s 的功率必须远小于本振功率。实际环形混频器组件各端口的匹配阻抗均为 50Ω，应用时各端口必须接入滤波匹配网络，分别实现混频器与输入信号源、本振信号源、输出负载之间的阻抗匹配。

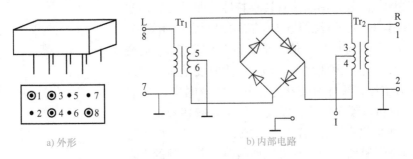

a) 外形　　　　　　　b) 内部电路

图6-13　环形混频器组件

图6-15所示是用MC1496双差分对集成模拟相乘器构成的混频电路。图中，本振电压 u_L 由10端（X输入端）输入，信号电压 u_s 由1端（Y输入端）输入，混频后的中频（$f_I = 9\text{MHz}$）电压 u_I 由6端经 π 形滤波器输出。该滤波器的带宽约为450kHz，除滤波外还起到阻抗变换作用，以获得较高的变频增益。当 $f_c = 30\text{MHz}$，$U_{sm} \leq 15\text{mV}$，$f_L = 39\text{MHz}$，$U_{Im} = 100\text{mV}$

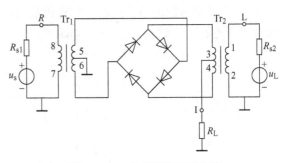

图6-14　二极管环形混频电路

时，电路的混频增益可达13dB。为了减小输出信号波形失真，1端与4端间接有调平衡的电路，使用时应仔细调整。双差分对相乘器混频电路的主要优点是混频增益大，输出信号频谱纯净，混频干扰小，对本振电压的大小无严格的限制，端口之间隔离度高。主要缺点是噪声系数较大。

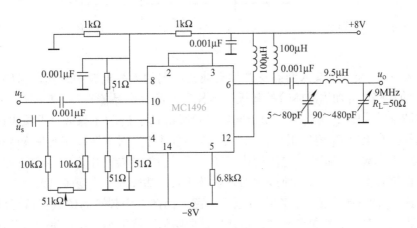

图6-15　MC1496构成的混频电路

2. 晶体管混频电路

图6-16所示为晶体管混频电路原理图，输入信号 u_s 和本振信号 u_L 都由晶体管基极输入，输出回路调谐在中频 $f_I = f_L - f_c$ 上。由图可见，$u_{BE} = V_{BB} + u_s + u_L$。一般情况下，$u_L$ 为大信号，u_s 为小信号，且 $U_{Lm} \gg U_{sm}$，晶体管工作在线性时变工作状态。

晶体管混频电路是利用晶体管转移特性的非线性特性实现混频的。图6-16中，直流偏置 V_{BB} 与本振电压 u_L 相叠加，作为晶体管的等效偏置电压，使晶体管的工作点按 u_L 的变化规律随时间而变化，因此将 $V_{BB} + u_L$ 称为时变偏压。输入 u_s 时晶体管即工作在线性时变状态，其集电极电流 i_C 中将产生 f_L 和 f_c 的和差频率分量，以及其他组合频率分量，经过谐振网络便可取出中频 $f_I = f_L - f_c$（或 $f_I = f_L + f_c$）的信号输出，当晶体管转移特性为一平方律曲线时，其混频的失真和无用组合频率分量输出都很小。

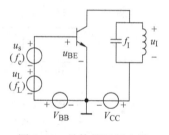

图6-16   晶体管混频电路

图6-17所示为常用的中波调幅收音机混频电路，此电路混频和本振都由晶体管 V 完成，故又称变频电路，中频 $f_I = f_L - f_c = 465\text{kHz}$。

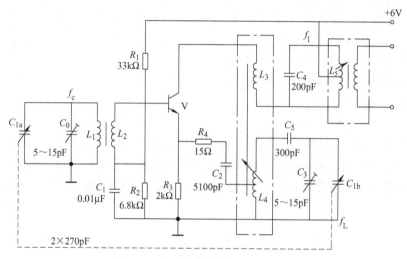

图6-17   中波调幅收音机混频电路

由 L_1、C_0、C_{1a} 组成的输入回路从磁性天线接收到的无线电波中选出所需频率的信号，再经 L_1、L_2 的互感耦合加到晶体管的基极。本地振荡部分由晶体管 V、L_4、C_5、C_3、C_{1b} 组成的振荡器和反馈线圈 L_3 等构成。由于输出中频回路 C_4、L_5 对本振频率严重失谐，可认为呈短路；基极旁路电容 C_1 容抗很小，加上 L_2 电感量甚小，对本振频率所呈现的感抗也可忽略，因此，对于本地振荡而言，电路构成了变压器反馈振荡器。本振电压通过 C_2 加到晶体管发射极，而信号由基极输入，所以称为发射极注入、基极输入式变频电路。

反馈线圈 L_3 的电感量很小，对中频近于短路，因此，变频器的负载仍然可以看作是由中频回路所组成。对于信号频率来说，本地振荡回路的阻抗很小，而且发射极是部分地接在线圈 L_4 上，所以发射极对输入高频信号来说，相当于接地。电阻 R_4 对信号具有反馈作用，从而能提高输入回路的选择性，并有抑制交叉调制干扰的作用。

在变频器中，希望在所接收的波段内，对每个频率都能满足 $f_I = f_L - f_c = 465\text{kHz}$，为此，电路中采用双联电容 C_{1a}、C_{1b} 作为输入回路和振荡回路的统一调谐电容，同时还增加了垫衬电容 C_5 和补偿电容 C_3、C_0。经过仔细调节这些补偿元件，就可以在整个接收波段内做到本振频率基本上能够跟踪输入信号频率，即保证可变电容在任何位置上都能达到 $f_I = f_L - f_c$。

6.3 仿真实训

6.3.1 二极管包络检波电路

1. 仿真目的

1）进一步了解调幅波的性质，掌握调幅波的解调方法。

2）掌握二极管峰值包络检波的原理。

3）了解包络检波器的波形失真现象，分析产生失真的原因并考虑克服的方法。

2. 仿真电路

打开 Multisim 仿真软件，绘制如图 6-18 所示的二极管包络检波电路，图中信号源参数设置为：载波幅度为 1.4V，载波频率为 50kHz，信号源频率为 5kHz，$m_a = 0.3$。

3. 测试内容

1）运行电路，观察 AM 调幅波和解调后的信号波形，如图 6-19 所示。

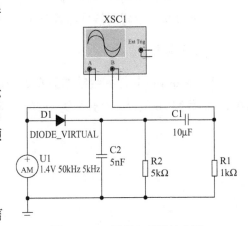

图 6-18 二极管包络检波电路

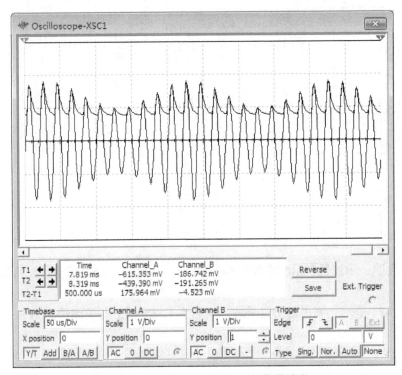

图 6-19 AM 调幅波和解调后的信号波形

2）观察普通调幅波解调中的惰性失真、底部切割失真现象。

改变电路中的参数：$C_1 = 50nF$，$R_1 = 50k\Omega$，重新仿真，该电路会出现什么现象？改变信号源的调幅系数 $m_a = 0.8$，其他保持不变，重新仿真，该电路会出现什么现象？

6.3.2 乘积型同步检波电路

1. 仿真目的

1）掌握乘积型同步检波电路结构。
2）掌握乘积型同步检波电路工作原理。
3）观察双边带调制信号与解调输出信号之间的波形关系。

2. 仿真电路

打开 Multisim 软件，绘制如图 6-20 所示的乘积型同步检波电路，电路中 U_1 是频率为 20kHz 的载波信号，U_2 是频率为 1kHz 的调制信号，U_3 是频率为 20kHz 的同步信号。

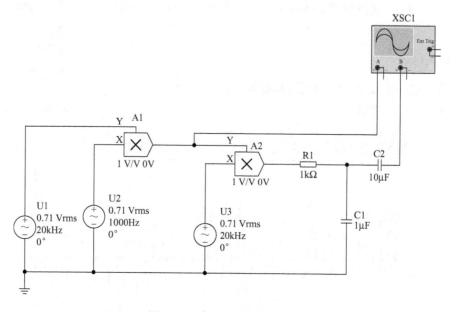

图 6-20　乘积型同步检波电路

3. 测试内容

1）运行电路，示波器显示波形如图 6-21 所示，A 通道是 DSB 信号，B 通道是解调以后的信号波形。

2）如图 6-21 所示，测得输出信号波形周期为 1.006ms，即频率约为 1kHz，与输入调制信号频率相同。

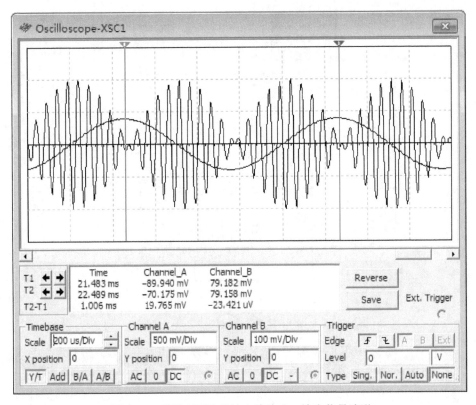

图 6-21　乘积型同步检波电路输入、输出信号波形

6.3.3　晶体管混频电路

1. 仿真目的

1）掌握晶体管混频电路结构。

2）掌握晶体管混频电路输入、输出信号波形及频率关系。

2. 仿真电路

打开 Multisim 软件，绘制如图 6-22 所示的晶体管混频电路，该电路由输入信号源 U_2、混频晶体管、本振信号源 U_3 及 LC 选频回路（R_4、C_2、L_2）构成，本振信号由晶体管的发射极输入，在晶体管中与输入调幅信号（调制度为 0.5）进行混频后从晶体管的集电极输出。

3. 测试内容

1）运行电路，用示波器观察输入调幅波和混频以后的输出信号波形，如图 6-23 所示，上面的是 A 通道基极输入的调幅信号，下面的是 B 通道集电极输出的混频后的信号。可见输出信号与调幅信号包络波形一致，但载波频率不一样。

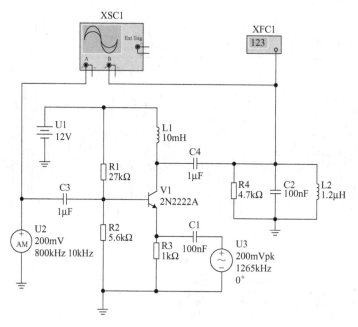

图 6-22   晶体管混频电路

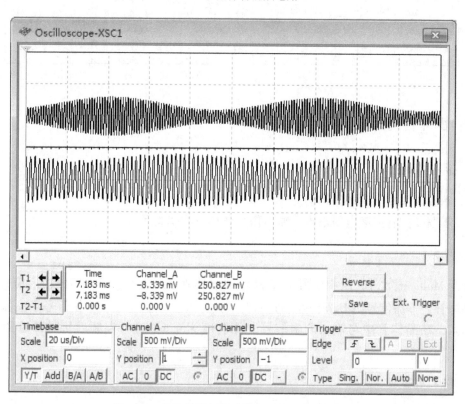

图 6-23   晶体管混频电路输入、输出信号波形

2）如图 6-24 所示，调整示波器时基为 5μs/Div，可测得输出信号周期为 2.144μs，即频率为 465kHz，为本振信号与输入信号载波频率之差 1265kHz − 800kHz = 465kHz。

3）改变输入信号载波频率或本振信号频率，观察输出信号的变化。

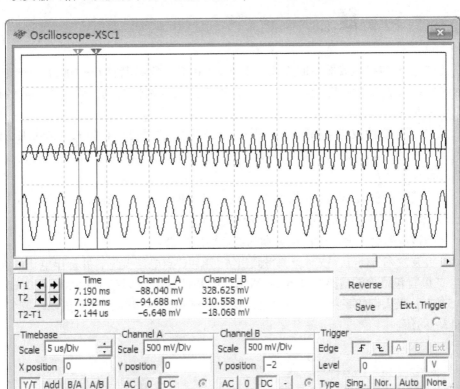

图 6-24　晶体管混频电路输出波形频率测试

小　结

1. 从调幅信号中还原出原调制信号的过程称为振幅解调，也称振幅检波。

2. 常用的振幅检波电路有二极管峰值包络检波电路和同步检波电路。由于 AM 信号中含有载波，其包络变化能直接反映调制信号的变化规律，所以 AM 信号可采用电路很简单的二极管包络检波电路。由于 SSB 和 DSB 信号中不含有载频信号，必须采用同步检波电路。为了获得良好的检波效果，要求同步信号严格与载波同频、同相，故同步检波电路比包络检波电路复杂。

3. 对振幅检波电路的主要要求是检波效率高，失真小，具有较高的输入电阻，注意防止惰性失真和负峰切割失真。

4. 混频器的作用在于将不同载频的高频已调波信号变换为较低的同一个固定载频（一般称为中频）的高频已调波信号，但保持其调制规律不变。

目前高质量的通信设备中广泛采用二极管环形混频器和双差分对模拟相乘器构成的混频电路，而在简易接收机中，还常采用简单的晶体管混频电路。

5. 对混频电路的主要要求是混频增益高，失真小，抑制干扰信号的能力强。

习　题

6.1　设二极管包络检波器中的负载电阻 $R = 200\text{k}\Omega$，负载电容 $C = 100\text{pF}$，若输入调幅波中包含的最高调制频率为 $F_{\max} = 5000\text{Hz}$，为了避免出现惰性失真，输入调幅波的最大调幅指数应为多少？

6.2　二极管包络检波电路如图 6-2a 所示，已知输入已调波的载频 $f_c = 465\text{kHz}$，调制信号频率 $F = 5\text{kHz}$，调幅系数 $m_a = 0.3$，负载电阻 $R = 5\text{k}\Omega$，试确定滤波电容 C 的大小，并求出检波器的输入电阻 R_i。

6.3　二极管包络检波电路如图 6-25 所示，已知 $u_s(t) = [2\cos(2\pi \times 465 \times 10^3 t) + 0.3\cos(2\pi \times 469 \times 10^3 t) + 0.3\cos(2\pi \times 461 \times 10^3 t)]\text{V}$。

（1）试问该电路会不会产生惰性失真和负峰切割失真？

（2）若检波效率 $\eta_d \approx 1$，按对应关系画出 A、B、C 点电压波形，并标出电压的大小。

6.4　二极管包络检波电路如图 6-26 所示，已知调制信号频率 $F = 300 \sim 4500\text{Hz}$，载波频率 $f_c = 5\text{MHz}$，最大调幅系数 $m_{a\max} = 0.8$，要求电路不产生惰性失真和负峰切割失真，试确定 C 和 R_L 的值。

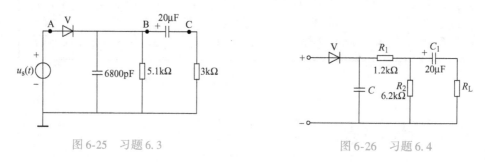

图 6-25　习题 6.3　　　　　　　　　　　图 6-26　习题 6.4

6.5　晶体管混频电路如图 6-27 所示，已知中频 $f_1 = 465\text{kHz}$，输入信号 $u_s(t) = 5[1 + 0.5\cos(2\pi \times 10^3 t)]\cos(2\pi \times 10^6 t)\text{mV}$，试分析该电路，并说明 $L_1 C_1$、$L_2 C_2$、$L_3 C_3$ 三个谐振回路调谐在什么频率上，画出 F、G、H 三点对地电压波形并指出其特点。

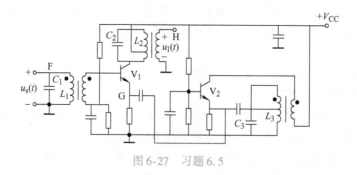

图 6-27　习题 6.5

第7章

角度调制与解调电路

角度调制是用调制信号控制载波信号的频率或相位来实现调制的。如果载波信号的瞬时频率随调制信号线性变化则称频率调制，简称调频（FM）。如果载波信号的瞬时相位随调制信号线性变化则称相位调制，简称调相（PM）。由于调频或调相的结果都可以看作是载波瞬时总相位的变化，故又统称为角度调制。

与幅度调制不同，角度调制在频谱变换过程中，信号的频谱不再保持调制信号的频谱结构，所以常把角度调制称为非线性调制，而把幅度调制称为线性调制。

7.1 角度调制原理与特性

7.1.1 调频信号

设载波信号表达式为
$$u_c(t) = U_{cm}\cos(\omega_c t + \varphi_0) \tag{7-1}$$
式中，$\omega_c t + \varphi_0$ 为载波的瞬时相位；φ_0 为载波的初相位，为简化分析，常令 $\varphi_0 = 0$。

设单音频调制信号为
$$u_\Omega(t) = U_{\Omega m}\cos\Omega t = U_{\Omega m}\cos 2\pi F t \tag{7-2}$$

根据调频的定义，载波信号的瞬时频率随调制信号 $u_\Omega(t)$ 线性变化，可写出
$$\omega(t) = \omega_c + k_f u_\Omega(t) = \omega_c + \Delta\omega(t) \tag{7-3}$$
式中，k_f 为与调频电路有关的比例常数，单位是 $\mathrm{rad/(s \cdot V)}$，又称为调频灵敏度；$\Delta\omega(t)$ 表示瞬时频率的线性变化部分，称为瞬时频偏，简称角频偏。用 $\Delta\omega_m$ 表示其最大值，则
$$\Delta\omega_m = k_f |u_\Omega(t)|_{\max} = k_f U_{\Omega m} \tag{7-4}$$
式中，$\Delta\omega_m$ 表示瞬时角频率偏离中心频率 ω_c 的最大值，习惯上把最大频偏 $\Delta\omega_m$ 称为频偏。

根据瞬时相位与瞬时角频率的关系可知，对式(7-3) 积分可得调频波的瞬时相位
$$\varphi_f(t) = \int_0^t \omega(t)\mathrm{d}t = \int_0^t [\omega_c + k_f u_\Omega(t)]\mathrm{d}t = \omega_c t + k_f \int_0^t u_\Omega(t)\mathrm{d}t \tag{7-5}$$
式中设
$$\Delta\varphi_f(t) = k_f \int_0^t u_\Omega(t)\mathrm{d}t \tag{7-6}$$
表示调频波瞬时相位与载波信号相位的偏移量，简称相移。

调频波的数学表达式为

$$u_{FM}(t) = U_{cm}\cos[\omega_c t + \varphi_f(t)] = U_{cm}\cos[\omega_c t + k_f \int_0^t u_\Omega(t)\,dt] \tag{7-7}$$

以上分析表明，在调频时，瞬时角频率的变化与调制信号成线性关系，瞬时相位的变化与调制信号积分成线性关系。

将式(7-2)分别代入式(7-3)、式(7-5)、式(7-7)得

瞬时角频率为
$$\omega(t) = \omega_c + k_f U_{\Omega m}\cos\Omega t = \omega_c + \Delta\omega_m\cos\Omega t \tag{7-8}$$

瞬时相位为
$$\varphi(t) = \omega_c t + \frac{k_f U_{\Omega m}}{\Omega}\sin\Omega t = \omega_c t + m_f\sin\Omega t \tag{7-9}$$

调频信号数学表达式
$$u_{FM} = U_{cm}\cos(\omega_c t + m_f\sin\Omega t) \tag{7-10}$$

式中
$$m_f = \frac{k_f U_{\Omega m}}{\Omega} = \frac{\Delta\omega_m}{\Omega} = \frac{\Delta f_m}{F} \tag{7-11}$$

为调频波的最大相移，又称调频指数。m_f值可大于1。

如图7-1所示，给出了调制信号 $U_\Omega(t)$、瞬时频偏 $\Delta\omega(t)$、瞬时相移 $\Delta\varphi_f(t)$、调频信号 $u_{FM}(t)$ 对应的波形图。

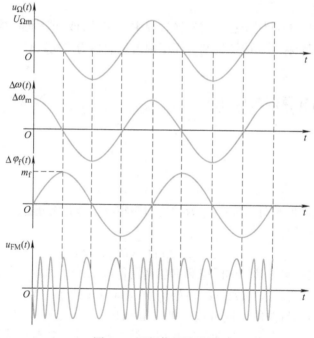

图7-1 调频信号波形图

由图7-1可知，当调制信号 $U_\Omega(t)$ 为波峰时，瞬时频偏 $\Delta\omega(t)$ 为最大；当其为波谷时，瞬时频偏 $\Delta\omega(t)$ 为最小，瞬时相移 $\Delta\varphi_f(t)$ 与调制信号 $U_\Omega(t)$ 相差90°。因此，调频波的瞬时频率随调制信号呈线性变化，而瞬时相位随调制信号的积分呈线性变化。

7.1.2 调相信号

根据调相波定义，载波信号的瞬时相位 $\varphi_p(t)$ 随调制信号 $U_\Omega(t)$ 线性变化，即
$$\varphi_p(t) = \omega_c t + k_p U_{\Omega m}\cos\Omega t \tag{7-12}$$

式中，k_p 为与调相电路有关的比例常数，单位是 rad/V。令 $\Delta\varphi_p(t) = k_p U_{\Omega m}\cos\Omega t$，则 $\Delta\varphi_P(t)$ 表示瞬时相位中与调制信号 $U_\Omega(t)$ 呈线性变化的部分，称为瞬时相位的相位偏移量，简称相移。用 m_p 表示最大相移，则

$$m_p = k_p |u_\Omega(t)|_{\max} = k_p U_{\Omega m} \tag{7-13}$$

称 m_p 为调相波的调相指数。

根据瞬时角频率和瞬时相位之间的关系，对式(7-12) 两边求导，可得调相波的瞬时角频率为

$$\omega(t) = \frac{d\varphi_p(t)}{dt} = \omega_c + k_p \frac{du_\Omega(t)}{dt} \tag{7-14}$$

令 $\Delta\omega_p(t) = k_p \dfrac{du_\Omega(t)}{dt}$，称 $\Delta\omega_p(t)$ 为调相波的频偏或频移。

调相信号数学表达式为

$$u_{PM} = U_{cm}\cos[\omega_c t + \Delta\varphi_p(t)] = U_{cm}\cos[\omega_c t + k_p u_\Omega(t)] \tag{7-15}$$

将单音频调制信号 $u_\Omega(t) = U_{\Omega m}\cos\Omega t$ 分别代入式(7-12)、式(7-14)、式(7-15) 得

调相波相移为 $\qquad\qquad \Delta\varphi_p(t) = k_p U_{\Omega m}\cos\Omega t = m_p\cos\Omega t \tag{7-16}$

角频偏为 $\qquad\qquad\qquad \Delta\omega_p(t) = -m_p\Omega\sin\Omega t \tag{7-17}$

调相信号另一数学表达式为 $\qquad u_{PM} = U_{cm}\cos(\omega_c t + m_p\cos\Omega t) \tag{7-18}$

图 7-2 所示为 $u_\Omega(t)$、$\Delta\varphi_p(t)$、$\Delta\omega_p(t)$、$u_{PM}(t)$ 对应的波形图。

由上述分析可知，调频和调相是密不可分的。调频必然引起高频载波相位的变化，调相也必然引起高频载波频率的变化，两者在本质上是相同的。

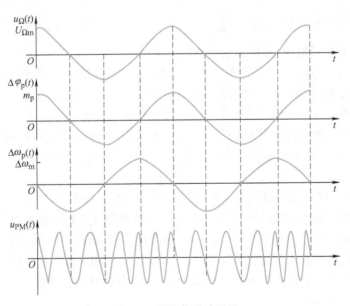

图 7-2　调相信号波形图

例 7-1　有一调角波，其数学表达式为 $u(t) = 10\cos[2\pi\times10^5 t + 6\cos(2\pi\times10^4)t]$

（1）若调制信号为 $u_\Omega(t) = 3\cos(2\pi\times10^4)t$，指出该调角信号是调频信号还是调相信号？若调制信号为 $u_\Omega(t) = 3\sin(2\pi\times10^4)t$ 呢？

（2）载波频率 f_c 是多少？调制信号频率 F 是多少？

解： （1）当调制信号为 $u_\Omega(t) = 3\cos(2\pi \times 10^4)t$ 时，$u(t)$ 中的相位偏移量 $\Delta\varphi_p$ 为 $\Delta\varphi_p(t) = 6\cos(2\pi \times 10^4 t) = 2u_\Omega(t)$，可见 $\Delta\varphi_p$ 与 $u_\Omega(t)$ 成正比，故 $u(t)$ 为调相波。

当调制信号为 $u_\Omega(t) = 3\sin(2\pi \times 10^4 t)$ 时，$u(t)$ 中的相位偏移量 $\Delta\varphi_p$ 为

$$\Delta\varphi_p(t) = 6\cos(2\pi \times 10^4)t = 6 \times 2\pi \times 10^4 \int_0^t \sin(2\pi \times 10^4)t dt$$

$$= 4\pi \times 10^3 \int_0^t \sin(2\pi \times 10^4) = 4\pi \times 10^4 \int_0^t u_\Omega(t)\,dt$$

可见 $\Delta\varphi_p$ 与 $u_\Omega(t)$ 的积分成正比，则 $u(t)$ 为调频波。

（2）载波频率为 $\omega_c = 2\pi \times 10^5 \text{rad/s}$，故 $f_c = 10^5 \text{Hz}$。

调制信号频率为 $F = \dfrac{2\pi \times 10}{2\pi} = 10^4 \text{Hz}$

7.1.3 调角信号频谱与带宽

下面以调频信号的数学表达式说明调角信号的频谱结构特点：

$$u_{FM}(t) = U_{cm}\cos(\omega_c t + m_f \sin\Omega t) \tag{7-19}$$

将式（7-19）展开为傅里叶级数，省略级数展开时所涉及的数学推导，可得到调频波的展开式：

$$u_{FM}(t) = U_{cm} \sum_{n=-\infty}^{+\infty} J_n(m_f)\cos(\omega_c + n\Omega)t \tag{7-20}$$

式中，$J_n(m_f)$ 是 n 阶贝塞尔函数；$\sum\limits_{n=-\infty}^{+\infty}$ 是 $-\infty \sim +\infty$ 的函数之和，因此它由无穷多个贝塞尔函数值构成，调频指数 m_f 是贝塞尔函数的变量。

从表达式还可以看出，调频信号中的每一项分量都是余弦波，因此可以将调频信号看作是无数个余弦波之和，而且这些余弦波的频率依次为 ω_c、$\omega_c \pm \Omega$、$\omega_c \pm 2\Omega$、$\omega_c \pm 3\Omega$、…其振幅则为 U_{cm} 和各阶贝塞尔函数的乘积。由此可以看出，调频信号的频谱具有以下特点：

1）调频信号的频谱是以载频 ω_c 为中心，两边分布着无数个边频分量。且当调制信号为单音频信号时，和 AM 信号一样，只有上、下两个边频，并且相邻边频的间隔为 Ω，如图 7-3a 所示。

2）调频信号边频分量的幅值随 n 的增加而减小。在允许误差范围内，可以忽略 n 值高于某一数值的谱线，即幅值较小的边频，因此可以把调频波的无限频宽看成有限频宽。

3）根据调频指数大于 1 还是小于 1，可以将调频分为窄带调频和宽带调频。

所谓窄带调频是指最大频偏小于基带频率，即 $m_f < 1$。窄带调频具有以下特点：载频分量幅值较大，而且边频个数较少，特别是当 $m_f \ll 1$ 时，频谱结构同调幅信号，只需保留 $\omega_c \pm \Omega$ 两条边频，如图 7-3b 所示。

所谓宽带调频是指最大频偏大于基带频率，即 $m_f > 1$。宽带调频具有载频分量幅值较小、边频较多的特点，图 7-3a 所示即为宽带调频。

基于调频波频谱结构的特点，调角信号的有效频谱宽度可由卡森（Carson）公式给出：

调频波 $$BW = 2(m_f + 1)F \tag{7-21}$$

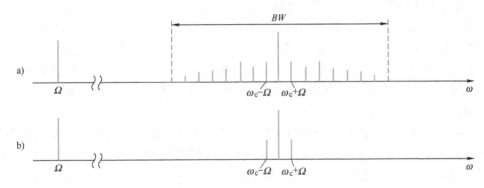

图7-3 调频波频谱结构图

调相波 $$BW = 2(m_\mathrm{p} + 1) F \tag{7-22}$$

式中，m_f、m_p 为调角指数；F 为调制信号的频率，$F = \dfrac{\Omega}{2\pi}$。

顺带说明，调频信号的带宽基本上不随调制信号的频率变化而变化，属于恒定带宽调制。而调相信号的带宽随调制信号的频率变化而变化，其带宽利用率低。因此，在模拟通信中大多采用调频方式。

例7-2 已知音频调制信号的频率 $F = 15\mathrm{kHz}$，若要求最大频偏 $\Delta f_\mathrm{m} = 45\mathrm{kHz}$，求出相应调频信号的调频指数 m_f、带宽 BW。

解：调频信号的调频指数 m_f 与调制信号成反比，即 $m_\mathrm{f} = \dfrac{\Delta f_\mathrm{m}}{F}$，所以

$$m_\mathrm{f} = \frac{\Delta f_\mathrm{m}}{F} = \frac{45 \times 10^3}{15 \times 10^3} = 3$$

$$BW = 2\left(m_\mathrm{f} + 1\right) F = 2\left(3 + 1\right) \times 15 \times 10^3 \mathrm{Hz} = 120\mathrm{kHz}$$

7.2 调频电路

7.2.1 调频信号产生方法

由调频波和调相波的表达式可以看出，无论是调频或调相，都是使载波瞬时相位发生变化，这说明二者之间是可以相互转化的。图7-4给出了调频信号两种产生方法的原理框图。

图7-4 调频信号产生方法原理框图

1. 直接调频法

直接调频法是用调制信号直接控制载波振荡器元器件的参数，如控制振荡回路的电容 C

（或电感 L），使振荡频率随调制信号变化而变化，从而产生调频信号的方法。

目前广泛采用的是变容二极管直接调频电路，这种电路结构简单，性能良好。

变容二极管是利用 PN 结的结电容随反向电压变化这一特性制成的一种压控电抗器件，其图形符号和特性曲线如图 7-5 所示。当变容二极管工作于反偏状态时，由特性曲线可知，变容二极管的结电容 C_j 随外加反向偏置电压变化而变化。若将变容二极管接入 LC 正弦波振荡器的谐振电路中，则可实现直接调频。

图 7-6 所示为变容二极管直接调频原理图。图中点画线框部分为电容三点式振荡电路，振荡器的频率取决于电感 L 和电容 C_1、C_2 与变容二极管的结电容 C_j 的值。将变容二极管作为压控电容接入 LC 振荡电路中，将基带电压加到变容二极管两端，就能实现调制信号对总电容量 C 的控制，也就控制了 LC 回路的谐振频率，从而实现直接调频。

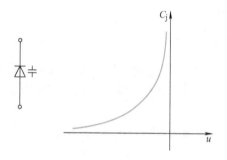

图 7-5　变容二极管图形符号和特性曲线

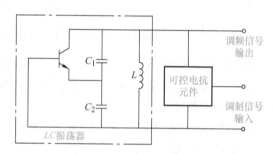

图 7-6　变容二极管直接调频原理图

直接调频电路的特点是结构简单、频偏较大，但频率稳定性较差。

2. 间接调频法

由于调频信号与调相信号之间存在一定的联系，若先将调制信号 $u_\Omega(t)$ 积分，再加到调相器对载波信号调相，则从调相器输出的是对调制信号而言的调频信号。图 7-7 所示为间接调频法原理框图，这种利用调相器实现调频的方法称为间接调频法。可见，实现间接调频的关键是调相器。

间接调频法将振荡和调制分两级完成。载波信号可以由晶体振荡器产生，频率稳定性较好，但是频偏比较小，若要增加频偏，需要外加扩频电路。

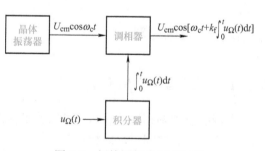

图 7-7　间接调频法原理框图

7.2.2　调频电路分析

产生调频信号的电路叫频率调制器，简称调频器。下面介绍几个典型的调频电路。

1. 调频电路的质量指标

(1) 调制特性　调制特性是指调频信号频率偏移与调制电压之间的关系，要求它们之间成线性关系。调制特性曲线的线性范围越宽，实现线性调频的范围就越宽，最大频偏就越大。

（2）调制灵敏度　单位调制电压所产生的频率偏移大小称为调制灵敏度。提高调制灵敏度，可提高调制信号的控制作用。

（3）中心频率稳定度　调制信号的中心频率就是载波频率，虽然调频信号的瞬时频率随调制信号变化，但要求其中心频率有足够的稳定度。例如，调频广播发射机，要求中心频率偏移不超过 ±2kHz。

（4）频偏　频偏是指在正常调制电压作用下，所能达到的最大频率偏移量 Δf_m。它是根据对调频指数 m_f 的要求确定的，要求其数值在整个调制信号所占有的频带内保持稳定。

2. 变容二极管直接调频电路

（1）变容二极管馈电电路　图 7-8 所示为变容二极管馈电电路。图中，电感 L_2 和变容二极管的结电容 C_j 组成振荡电路。变容二极管两端的电压包括静态电压 U_Q 和调制信号电压 $u_\Omega(t)$。图 7-9a 为直流馈电等效电路，图 7-9b 为调制信号馈入交流等效电路。

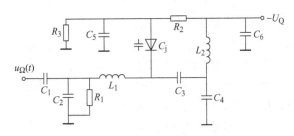

图 7-8　变容二极管馈电电路

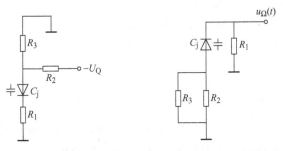

a) 直流馈电等效电路　　　　b) 调制信号馈入交流等效电路

图 7-9　变容二极管馈电等效电路

为了防止 U_Q 和 $u_\Omega(t)$ 对振荡电路产生影响，在电路中接入了 L_1 和 C_3。其中 L_1 为高频扼流圈，它对调制电压 $u_\Omega(t)$ 和静态电压 U_Q 阻抗近似为零，视为短路，而对高频电压阻抗很大，视为开路。C_2 为高频滤波电容。电容 C_1、C_3 有隔直作用，电容 C_3 防止电感 L_2 将信号 $u_\Omega(t)$ 和 U_Q 短路。变容二极管两端的电压 $u_D = U_Q + u_\Omega(t)$，在此电压作用下，变容二极管的结电容 C_j 将随着 $u_\Omega(t)$ 的变化而变化。

（2）变容二极管直接调频电路　图 7-10 所示为某通信机的变容二极管直接调频电路。图中，电阻 $R_1 = 10\text{k}\Omega$、$R_2 = 4.3\text{k}\Omega$、$R_3 = 1\text{k}\Omega$；电容 $C_1 = 1000\text{pF}$、$C_2 = 10\text{pF}$、$C_3 = 15\text{pF}$、

$C_4 = 15\text{pF}$、$C_5 = 33\text{pF}$、$C_6 = 1000\text{pF}$、$C_7 = 1000\text{pF}$；电感 $L_1 = L_2 = L_3 = 12\mu\text{H}$、$L_4 = 20\mu\text{H}$；变容二极管 C_{j1}、C_{j2} 型号为 2CC1E。它的基本电路是电容三点式振荡器。图 7-11 为其交流等效电路。

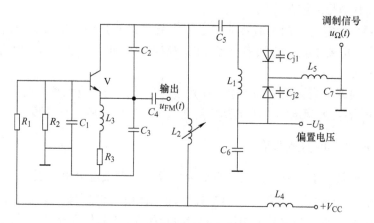

图 7-10　变容二极管直接调频电路

图 7-10 中，调制信号 $u_\Omega(t)$，偏置电压 $-U_B$，变容二极管 C_{j1}、C_{j2} 以及 C_5、C_6、C_7、L_1 构成了馈电电路。C_{j1}、C_{j2} 为同极对接的两个变容二极管，直流偏置同时加到两管正极，调制信号经电感加到两管负极，两管构成反向串联组态，可消除某些高频谐波干扰。控制回路的总电容为 C_{j1}、C_{j2} 串联后再与 C_5 串联的值。这样控制电路的总电容随调制信号 $u_\Omega(t)$ 变化，从而实现调频。另外，改变变容二极管的偏置及调节电感 L_2，可使电路的中心频率在 $50 \sim 100\text{MHz}$ 范围内变化。

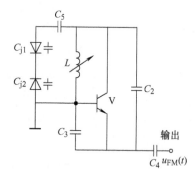

图 7-11　变容二极管直接调频交流等效电路

3. 变容二极管间接调频电路

间接调频的基本方法是：先对调制信号 $u_\Omega(t)$ 积分，将积分后的信号加到调相器对载波调相，从调相器输出的便是对调制信号 $u_\Omega(t)$ 而言的调频信号。

图 7-12a 所示为变容二极管间接调频电路。其中，电阻 $R_1 = 10\text{k}\Omega$、$R_2 = 1\text{k}\Omega$、$R_3 = 1\text{k}\Omega$、$R_4 = 100\text{k}\Omega$，电容 $C_1 = 0.02\mu\text{F}$、$C_2 = C_3 = C_4 = 0.001\mu\text{F}$。其中 R_2、R_3 为输入、输出隔离电阻，电容均为隔直电容，对高频信号而言视为短路，变容二极管 C_j 和电感 L 组成谐振电路。等效电路如图 7-12b 所示。

图 7-12a 中，R_1、C_2 组成积分电路，调制信号 $u_\Omega(t)$ 经电容 C_1 加到积分电路，因此加到变容二极管的信号为调制信号 $u_\Omega(t)$ 积分后的信号，变容二极管的结电容 C_j 随该信号变化而变化，从而使振荡回路的谐振频率随信号变化而变化。实质上，由于高频载波的频率固定不变，高频载波电流在流过谐振频率变化的振荡回路时，会因失谐而产生相移，从而产生高频调相电压输出。该输出电压对调制信号 $u_\Omega(t)$ 而言为调频信号。

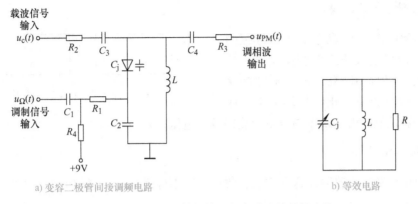

a) 变容二极管间接调频电路   b) 等效电路

图 7-12　变容二极管间接调频电路及其等效电路

7.3　鉴频电路

模拟角度调制信号的解调就是把调角波的瞬时频率或瞬时相位的变化不失真地转变为电压的变化，即实现"频率—电压"转换或"相位—电压"转换，从而恢复出原调制信号的过程。调频信号的解调称为频率检波，也称鉴频，完成鉴频功能的电路叫作鉴频器；调相信号的解调称为相位检波，也称鉴相，完成鉴相功能的电路叫作鉴相器。下面主要讨论鉴频方法及其实现电路。

7.3.1　鉴频的实现方法

鉴频的实现方法很多，常用的方法可归纳为以下四种。

1. 斜率鉴频器

实现模型如图 7-13 所示。先将等幅的调频信号 $u_s(t)$ 送入频率-振幅线性变换网络，变换成幅度与频率成正比变化的调幅-调频信号，然后用包络检波器进行检波，还原出原调制信号。

2. 相位鉴频器

实现模型如图 7-14 所示。先将等幅的调频信号 $u_s(t)$ 送入频率-相位线性变换网络，变换成相位与瞬时频率成正比变化的调相-调频信号，然后通过相位检波器还原出原调制信号。

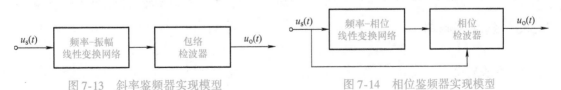

图 7-13　斜率鉴频器实现模型   图 7-14　相位鉴频器实现模型

3. 脉冲计数式鉴频器

实现模型如图 7-15 所示。先将等幅的调频信号 $u_s(t)$ 送入非线性变换网络，将它变为调频等宽脉冲序列，该等宽脉冲序列含有反映瞬时频率变化的平均分量，通过低通滤波器就能输出反映平均分量变化的解调电压。

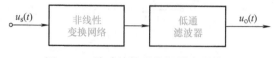

图 7-15　脉冲计数式鉴频器实现模型

4. 锁相鉴频器

利用锁相环路进行鉴频，这种方法在集成电路中应用甚广。锁相鉴频器工作原理将在后续章节中介绍。

7.3.2　鉴频器的主要参数

鉴频器的主要特性是鉴频特性。鉴频电路的输出电压 u_o 与输入调频信号瞬时频率 f 之间的关系曲线称为鉴频特性曲线，如图 7-16 所示。由图可见，在调频信号中心频率 f_c 处，输出电压 $u_o = 0$，当信号频率偏离中心频率 f_c 升高、下降时，输出电压将分别向正、负极性方向变化（根据鉴频电路的不同，鉴频特性可与此相反，如图 7-16 虚线所示）；在中心频率 f_c 附近，u_o 与 f 之间近似为线性关系，当频偏过大时，输出电压将会减小。为了获得理想的鉴频效果，希望鉴频特性曲线要陡峭且线性范围大。

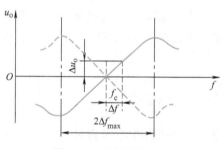

图 7-16　鉴频特性曲线

衡量鉴频器性能的主要参数有以下两个：

1. 鉴频跨导 S_D

通常将鉴频特性曲线在中心频率 f_c 处的斜率 S_D 称为鉴频灵敏度（也称鉴频跨导），即

$$S_D = \frac{\Delta u_o}{\Delta f}\bigg|_{f=f_c} \tag{7-23}$$

S_D 的单位为 V/Hz。鉴频特性曲线越陡峭，S_D 就越大，表明鉴频电路将输入信号频率变化转换为电压变化的能力就越强。

2. 鉴频带宽 $2\Delta f_{max}$

鉴频带宽是指鉴频器能够不失真地解调所允许输入信号频率变化的最大范围。

7.3.3　斜率鉴频器

1. 基本原理

把调频信号电流 $i_s(t)$ 加到 LC 并联谐振回路上，如图 7-17a 所示。将并联回路谐振频率f_0调离调频波的中心频率f_c，使调频信号的中心频率f_c工作在谐振曲线一边的A点上，如图7-17b所示，这时LC并联回路两端电压的振幅为U_{ma}。当频率变为$f_c - \Delta f_m$时，工作点移到B点，回路两端电压的振幅增加到U_{mb}。当频率变为$f_c + \Delta f_m$时，工作点移到C点，回路两端电压振幅减小到U_{mc}，如图7-17b所示。由此可见，当加到并联回路的调频信号频率随时间变化时，回路两端电压的振幅也将随时间产生相应的变化。当调频信号的最大频偏不大时，电压振幅的变化与频率的变化近似成线性关系，所以，利用LC并联回路谐振曲线的下降（或上升）部分，可使等幅的调频信号变成幅度随频率变化的调频信号。

利用上述原理构成的鉴频器原理电路如图7-17c所示，常称它为单失谐回路斜率鉴频器。图中LC并联谐振回路调谐在高于或低于调频信号中心频率f_c上，从而可将调频信号变成调幅-调频信号。V、R_1、C_1组成包络检波器，用它对调幅-调频信号进行包络检波，即可得到原调制信号$u_o(t)$。由于谐振回路谐振曲线的线性度差，所以，单失谐回路斜率鉴频器的输出波形失真大，质量不高，故很少使用。

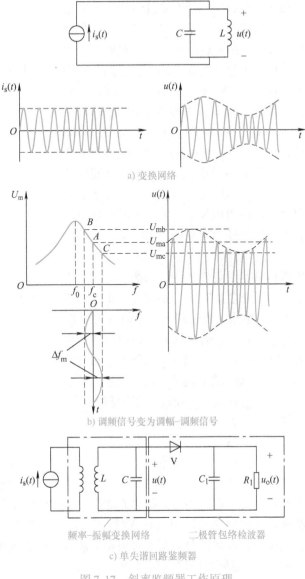

a) 变换网络

b) 调频信号变为调幅-调频信号

频率-振幅变换网络　　二极管包络检波器

c) 单失谐回路鉴频器

图7-17　斜率鉴频器工作原理

2. 双失谐回路斜率鉴频器

为了扩大鉴频特性的线性范围，实用的斜率鉴频器都是采用两个单失谐回路斜率鉴频器构成的平衡电路，如图7-18a所示。图中，二次侧有两个失谐的并联谐振回路，所以称为双失谐回路斜率鉴频器。其中第一个回路调谐在f_{01}上，第二个回路调谐在f_{02}上。设f_{01}低于调频信号中心频率f_c，f_{02}高于f_c，而且f_{01}和f_{02}对于f_c是对称的，即$f_c - f_{01} = f_{02} - f_c$，这个差值应大于调频信号的最大频偏。调频信号在回路两端产生的电压$u_1(t)$和$u_2(t)$的幅度分别用U_{1m}和U_{2m}表示，回路的电压谐振曲线如图7-18b所示，两个回路的电压谐振曲线形状相同。

图 7-18a 中两个二极管包络检波电路参数相同，即 $C_1 = C_2$，$R_1 = R_2$，V_1、V_2 参数一致。$u_1(t)$ 和 $u_2(t)$ 经二极管包络检波得到的输出电压分别为 u_{o1} 和 u_{o2}，它们与频率的关系如图 7-18c 中虚线所示，u_{o2} 与 u_{o1} 的极性相反，鉴频器总的输出电压 $u_o = u_{o1} - u_{o2}$。当调频信号的频率为 f_c 时，由图 7-18b 可见，U_{1m} 与 U_{2m} 大小相等，故检波输出电压 $u_{o1} = u_{o2}$，鉴频器输出电压 $u_o = 0$。当调频信号的频率为 f_{01} 时，$U_{1m} > U_{2m}$，则 $u_{o1} > u_{o2}$，所以鉴频器输出电压 $u_o > 0$，为正值且为最大。当调频信号的频率为 f_{02} 时，$U_{1m} < U_{2m}$，则 $u_{o1} < u_{o2}$，所以 $u_o < 0$，为负最大值。这样可以得到鉴频特性曲线，如图 7-18c 实线所示。实际上它就是图 7-18c 中 u_{o1} 和 u_{o2} 两条曲线叠加的结果。由于调频信号频率大于 f_{02} 后，U_{1m} 很小，U_{2m} 随频率的升高而下降，使鉴频器输出电压 u_o 数值减小，所以鉴频特性在 $f > f_{02}$ 后开始弯曲；同理，调频信号频率小于 f_{01} 后，U_{2m} 很小，U_{1m} 随频率的降低而减小，鉴频特性在 $f < f_{01}$ 后也开始弯曲。

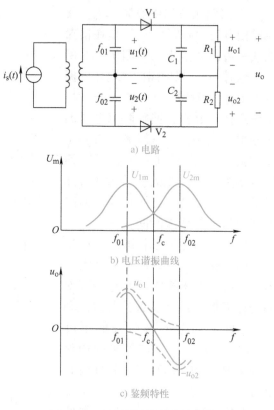

a) 电路

b) 电压谐振曲线

c) 鉴频特性

图 7-18　双失谐回路斜率鉴频器

双失谐回路斜率鉴频器由于采用了平衡电路，上、下两个单失谐回路斜率鉴频器特性可相互补偿，使得鉴频器输出电压中的直流分量和低频偶次谐波分量相互抵消，故鉴频的非线性失真小、线性范围宽、鉴频灵敏度高。不过，双失谐回路斜率鉴频器鉴频特性的线性范围和线性度与两个回路的谐振频率 f_{01} 和 f_{02} 的配置有很大关系。如果 f_{01} 和 f_{02} 偏离 f_c 过大，鉴频特性曲线就会在 f_c 附近出现弯曲，而 f_{01} 和 f_{02} 偏离 f_c 过小，鉴频特性的线性范围又不能得到有效扩展，再加上两个谐振回路相互耦合，所以调整起来不太方便。

例 7-3　鉴频器的输入信号为 $u_{FM}(t) = 3\cos[\omega_0 t + 10\sin(2\pi \times 10^3)t]\text{V}$，鉴频跨导 $S_D = -5\text{mV/kHz}$，线性鉴频范围大于 $2\Delta f_m$，求输出电压 $u_o(t)$。

解：由 $u_{FM}(t)$ 表达式可知

$$\varphi(t) = \varphi_0(t) + \Delta\varphi(t) = \omega_0 t + 10\sin(2\pi \times 10^3)t$$

$$\Delta\omega(t) = \frac{d\Delta\varphi(t)}{dt} = 10 \times 2\pi \times 10^3\cos(2\pi \times 10^3)t$$

$$\Delta f(t) = \frac{\Delta\omega(t)}{2\pi} = 10^4\cos(2\pi \times 10^3)t$$

$$u_o(t) = S_D\Delta f(t) = \frac{-5 \times 10^{-3}}{10^3} \times 10^4\cos(2\pi \times 10^3)t = -5 \times 10^{-2}\cos(2\pi \times 10^3)t\text{V}$$

3. 集成电路中的斜率鉴频器

在集成电路中，广泛采用的斜率鉴频器电路如图 7-19a 所示。图中 L_1、C_1 和 C_2 为实现频幅变换的线性网络，用来将输入调频信号 $u_s(t)$ 转换为两个幅度按瞬时频率变化的调幅-调频信号 $u_1(t)$ 和 $u_2(t)$。L_1C_1 并联回路的电抗曲线和 C_2 的电抗曲线示于图 7-19b 中，f_1 为 L_1C_1 并联回路的谐振频率，f_2 为 $L_1C_1C_2$ 串联回路的谐振频率，即在这个频率上，L_1C_1 并联回路的等效感抗与 C_2 的容抗相等，整个 LC 网络串联谐振，这时回路电流达到最大值，故 C_2 上的电压降 $u_2(t)$ 也为最大值，但此时因回路总阻抗接近于 0，所以，$u_1(t)$ 却为最小值。随着频率的升高，C_2 的容抗减小，L_1C_1 回路的等效感抗迅速增大，结果是 $u_2(t)$ 减小，$u_1(t)$ 增大，当频率等于 f_1 时，L_1C_1 回路产生并联谐振，回路阻抗趋于无穷大，此时 $u_1(t)$ 达到最大值而 $u_2(t)$ 为最小值。可见，$u_1(t)$、$u_2(t)$ 的振幅可随输入信号频率的变化而变化。调整回路参数，在 $f=f_c$ 时，使 $u_1(t)$ 和 $u_2(t)$ 振幅相等，这样，可以得到图 7-20 所示的振幅频率特性曲线。

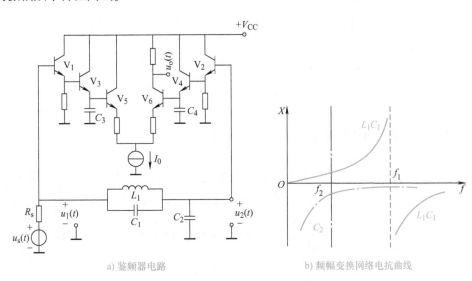

a) 鉴频器电路　　　　　　　　　　b) 频幅变换网络电抗曲线

图 7-19　集成电路中采用的斜率鉴频电路

　　输入调频信号 $u_s(t)$ 经 L_1、C_1 和 C_2 网络的转换，得到 $u_1(t)$ 和 $u_2(t)$ 后分别加到 V_1 和 V_2 管的基极，V_1 和 V_2 管构成射极输出缓冲隔离级，以减小检波器对频幅变换网络的影

响。V_3 和 V_4 管分别构成两个相同的晶体管峰值检波器，C_3、C_4 为检波滤波电容，V_5、V_6 的输入电阻为检波电阻。检波器的输出解调电压经差分放大器 V_5 和 V_6 放大后，由 V_6 管集电极单端输出，作为鉴频器的输出电压 $u_o(t)$，显然，其值与 $u_1(t)$ 和 $u_2(t)$ 的振幅的差值成正比。当 $f=f_c$ 时，$U_{1m}=U_{2m}$，输出电压 $u_o=0$；当 $f>f_c$ 时，$U_{1m}>U_{2m}$，输出电压 u_o 为正；当 $f<f_c$ 时，$U_{1m}<U_{2m}$，输出电压 u_o 为负。故集成斜率鉴频器的鉴频特性曲线如图 7-20 所示。这种鉴频器具有良好的鉴频特性，其中间的线性区比较宽，典型值可达 300kHz。

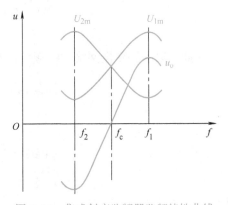

图 7-20　集成斜率鉴频器鉴频特性曲线

7.3.4 相位鉴频器

1. 乘积型相位鉴频器

（1）单谐振回路频相变换网络　在乘积型相位鉴频器中，广泛采用 LC 单谐振回路作为频率-相位变换网络，其电路如图 7-21a 所示。

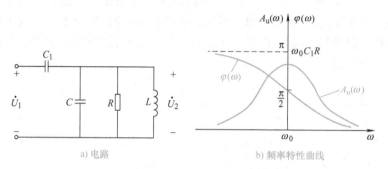

a) 电路　　　　　　b) 频率特性曲线

图 7-21　单谐振回路频相变换网络

由图可写出电路的电压传输系数为

$$A_u(j\omega) = \frac{\dot{U}_2}{\dot{U}_1} = \frac{1 \Big/ \left(\frac{1}{R} + j\omega C - j\frac{1}{\omega L} \right)}{\frac{1}{j\omega C_1} + 1 \Big/ \left(\frac{1}{R} + j\omega C - j\frac{1}{\omega L} \right)} = \frac{j\omega C_1}{\frac{1}{R} + j\left(\omega C_1 + \omega C - \frac{1}{\omega L} \right)} \tag{7-24}$$

令 $\omega_0 = \dfrac{1}{\sqrt{L(C + C_1)}}$，$Q_e = \dfrac{R}{\omega_0 L} \approx \dfrac{R}{\omega L} \approx \omega(C + C_1)R$，代入式（7-24），则得

$$A_u(j\omega) = \frac{j\omega C_1 R}{1 + jQ_e\left(\dfrac{\omega^2}{\omega_0^2} - 1 \right)} \tag{7-25}$$

在失谐不太大的情况下，式（7-25）可简化为

$$A_u(j\omega) \approx \frac{j\omega_0 C_1 R}{1 + jQ_e \dfrac{2(\omega - \omega_0)}{\omega_0}} \tag{7-26}$$

由此可以得到变换网络的幅频特性和相频特性分别为

$$|A_u(j\omega)| \approx \frac{\omega_0 C_1 R}{\sqrt{1 + \left(2Q_e \dfrac{\omega - \omega_0}{\omega_0} \right)^2}} \tag{7-27}$$

$$\varphi(\omega) = \frac{\pi}{2} - \arctan\left(2Q_e \frac{\omega - \omega_0}{\omega_0} \right) \tag{7-28}$$

根据式（7-27）和式（7-28）作出网络的幅频特性和相频特性曲线，如图 7-21b 所示。由图可见，当输入信号频率 $\omega = \omega_0$ 时，$\varphi(\omega) = \pi/2$；当 ω 偏离 ω_0 时，相移 $\varphi(\omega)$ 在 $\pi/2$ 上下变化；当 $\omega > \omega_0$ 时，随着 ω 增大，$\varphi(\omega)$ 减小；当 $\omega < \omega_0$ 时，随着 ω 减小，$\varphi(\omega)$ 增大。

但只有当失谐量很小，$\arctan\left(2Q_e\dfrac{\omega-\omega_0}{\omega_0}\right)<\pi/6$ 时，相频特性曲线才近似为线性的。此时

$$\varphi(\omega)\approx\frac{\pi}{2}-\frac{2Q_e}{\omega_0}(\omega-\omega_0) \tag{7-29}$$

若输入 $\dot{U}_1$ 为调频信号，其瞬时角频率 $\omega(t)=\omega_c+\Delta\omega(t)$，且 $\omega_0=\omega_c$，则式（7-29）可写成

$$\varphi(\omega)\approx\frac{\pi}{2}-\frac{2Q_e}{\omega_0}\Delta\omega(t) \tag{7-30}$$

可见，当调频信号的 $\Delta\omega_m$ 较小时，图7-21a 所示的变换网络可不失真地完成频率–相位变换。

（2）乘积型相位鉴频器电路　图7-22 所示为某集成电路中乘积型相位鉴频器电路，图中 $V_1\sim V_7$ 构成双差分对模拟相乘器，R_1、$V_{10}\sim V_{14}$ 构成直流偏置电路。输入调频信号经中频限幅放大后，变成大信号，由 1、7 端双端输入，一路信号直接送到相乘器 Y 输入端，即 V_5、V_6 基极；另一路信号经 C_1、C、R、L 组成的单谐振回路频相变换网络，再经射极输出器 V_8、V_9 耦合到相乘器 X 输入端。双差分对模拟相乘器采用单端输出，R_C 为负载电阻，经低通滤波器 C_2、R_2、C_3 便可输出所需的解调电压。

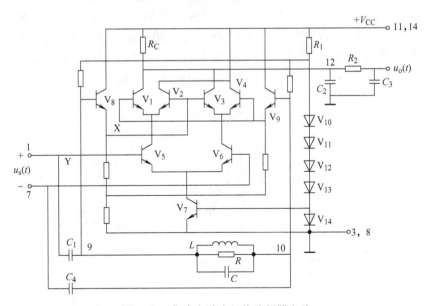

图7-22　集成电路中相位鉴频器电路

2. 叠加型相位鉴频器

（1）叠加型平衡鉴相器　实用中常采用叠加型平衡鉴相器，电路如图7-23 所示。图中，V_1、V_2 与 R、C 分别构成两个包络检波电路。设两个输入电压分别为

$$u_1(t)=U_{1m}\cos\omega_c t$$

$$u_2(t)=U_{2m}\cos\left(\omega_c t-\frac{\pi}{2}+\varphi\right)=U_{2m}\sin(\omega_c t+\varphi)$$

由图可见，加到上、下两包络检波电路的输入电压分别为

$$u_{s1}(t) = u_1(t) + u_2(t) = U_{1m}\cos\omega_c t + U_{2m}\cos\left(\omega_c t - \frac{\pi}{2} + \varphi\right) \tag{7-31}$$

$$u_{s2}(t) = u_1(t) - u_2(t) = U_{1m}\cos\omega_c t - U_{2m}\cos\left(\omega_c t - \frac{\pi}{2} + \varphi\right) \tag{7-32}$$

由此可得到叠加型平衡鉴相器的鉴相特性曲线如图 7-24 所示。根据分析可知，它也具有正弦鉴相特性，但只有当 φ 比较小时，才具有线性鉴相特性。

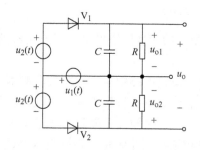

图 7-23　叠加型平衡鉴相器

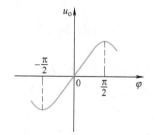

图 7-24　叠加型鉴相器鉴相特性曲线

（2）叠加型相位鉴频器电路　图 7-25 所示为常用的叠加型相位鉴频器电路，称为互感耦合相位鉴频器。图中 $L_1 C_1$ 和 $L_2 C_2$ 均调谐在调频信号的中心频率 f_c 上，并构成互感耦合双调谐回路，作为鉴频器的频率-相位变换网络。C_c 为隔直流电容，它对输入信号频率呈短路状态。L_3 为高频扼流圈，它在输入信号频率上的阻抗很大，接近于开路，但对低频信号阻抗很小，近似短路。$C_3 R_1$、$C_4 R_2$ 及 V_2、V_3 构成包络检波电路。

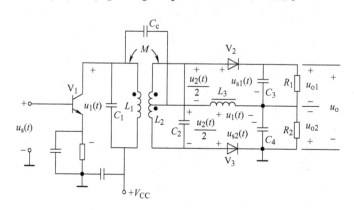

图 7-25　互感耦合叠加型相位鉴频器

输入调频信号 $u_s(t)$ 经 V_1 放大后，在一次回路 $L_1 C_1$ 上的电压为 $u_1(t)$，二次回路 $L_2 C_2$ 上因感应而产生的电压为 $u_2(t)$，由于 L_2 被中心抽头分成两半，所以对中心抽头来说，每边电压均为 $u_2(t)/2$。另外，一次回路电压 $u_1(t)$ 通过 C_c 加到 L_3 上，由于 C_c、C_4 的高频容抗远小于 L_3 的感抗，所以 L_3 上的压降近似等于 $u_1(t)$。因此，由图 7-25 可以看出，加到两个二极管包络检波器上的输入电压分别为 $u_{s1}(t) = u_1(t) + u_2(t)/2$，$u_{s2}(t) = u_1(t) - u_2(t)/2$，符合叠加型平衡鉴相器对输入电压的要求。

实际应用中，互感耦合双调谐回路的一次、二次回路一般都是对称的，即 $L_1 = L_2$，

$C_1 = C_2$。当回路调谐在输入调频信号的中心频率 f_c 上时，二次回路的输出电压 $u_2(t)$ 和一次回路输入电压 $u_1(t)$ 之间产生 90°的相移；当输入信号频率小于或大于 f_c 变化时，$u_2(t)$ 与 $u_1(t)$ 之间的相移将随之变化，然后经过平衡鉴相器，在输出端获得调频波的解调信号 u_o，其鉴频特性曲线与耦合回路一次、二次间的耦合程度有关，当耦合程度合适时，鉴频特性可达到最大线性范围。互感耦合相位鉴频器有多种变形电路，这里不再详细介绍。

7.3.5 脉冲计数式鉴频器

脉冲计数式鉴频器有各种实现电路，图 7-26 所示为一种实现电路的组成及其工作波形。由于调频信号的频率是随调制信号变化的，所以它在相同的时间间隔内过零点的数目是不相同的，经脉冲形成电路，调频信号每经过一个过零点就形成一个脉冲，当瞬时频率高时，形成的脉冲数目就多，当瞬时频率低时，形成的脉冲数目就少，如图 7-26b 中 $u_1(t)$ 波形所示。这些脉冲经脉冲展宽电路，展宽成相同的脉冲宽度，这样调频信号就变换成脉宽相同而周期变化的脉冲序列，如图 7-26b 中 $u_2(t)$ 波形所示，它的周期变化反映了调频信号的瞬时频率变化。此信号经低通滤波，取出其平均分量，就可得到原调制信号，如图 7-26b 中 $u_o(t)$ 波形所示。由于低通滤波器输出电压的幅度正比于调频信号的瞬时频率，即正比于输入低通滤波器的脉冲数目，故称之为脉冲计数式鉴频器。

脉冲计数式鉴频器的主要优点是线性鉴频范围大，不需要 LC 谐振回路，便于集成化。其缺点是工作频率受脉冲最小宽度的限制，故多用于中心频率较低的场合。

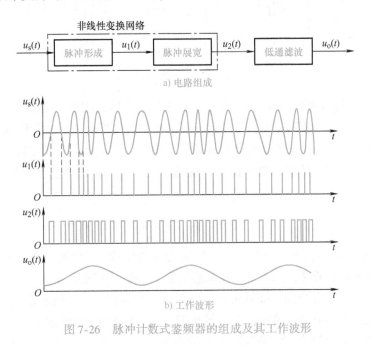

图 7-26　脉冲计数式鉴频器的组成及其工作波形

7.3.6 限幅器

调频信号在产生和处理过程中总是或多或少地附带有寄生调幅，这种寄生调幅或是固有的，或是由噪声和干扰产生的，在鉴频前必须通过限幅器将它消除掉。

限幅器的性能由限幅特性表示，它说明限幅器输出基波电压振幅 U_{om} 与输入高频电压振幅 U_{sm} 的关系。典型的限幅特性如图 7-27 所示。由图可见，在 OA 段，输出电压 U_{om} 随输入电压 U_{sm} 的增加而增加，A 点右边，输入电压增加时，输出电压的增加趋缓。A 点称为限幅门限，相应的输入电压 U_p 称为门限电压。显然，只有输入电压超过门限电压 U_p 时，才会产生限幅作用。通常要求 U_p 较小，U_p 较小可降低对限幅器前级放大器增益的要求，放大器的级数就可减少一些。下面介绍两种常用的限幅器。

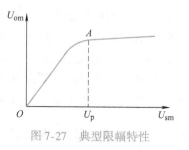

图 7-27　典型限幅特性

1. 二极管限幅器

二极管限幅器由于电路简单，结电容小，工作频带宽而得到广泛的应用。图 7-28a 所示为常用的并联型双向二极管限幅电路。

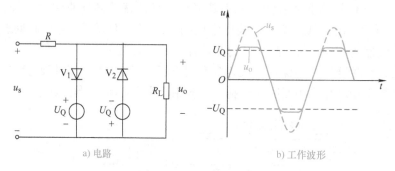

a) 电路　　　　　　　　　　b) 工作波形

图 7-28　二极管限幅器

图中 V_1、V_2 是特性完全相同的二极管，要求二极管的正向电阻尽量小，反向电阻趋于无穷大。U_Q 为二极管的偏置电压，用以调节限幅电路的门限电压。R 为限流电阻，R_L 为负载电阻，通常 $R_L \gg R$。u_s 是经过放大的调频信号电压，其波形如图 7-28b 中虚线所示。当 u_s 较小时，加在 V_1、V_2 两端的电压值小于偏压 U_Q，V_1、V_2 均截止，电路不起振幅作用，这时输出电压 u_o 为

$$u_o = \frac{R_L}{R + R_L} u_s \approx u_s \tag{7-33}$$

当 u_s 逐渐增大到 $|u_s| > U_Q$ 后，V_1、V_2 导通（正半周 V_1 导通，负半周 V_2 导通），输出电压的幅值将被限制在 U_Q 上，其限幅波形如图 7-28b 中实线所示。

由图 7-28b 可见，考虑到二极管正向导通电压，实际输出电压幅度略大于门限电压 U_Q。u_s 的幅度越大或门限电压 U_Q 越小，输出越接近方波，即限幅效果越好。由于这种限幅特性是对称的，所以，输出没有直流分量和偶次谐波分量，这是很大的优点，但在后级须连接选频回路。

2. 差分对限幅器

差分对限幅器由单端输入、单端输出的差分放大器组成，如图 7-29a 所示，图 7-29b 表

示出了差分对放大器差模传输特性及限幅波形。由图可见，当 $|u_s| \leqslant 26\text{mV}$ 时，i_{C1} 和 i_{C2} 处于线性放大区；当 $|u_s| > 100\text{mV}$ 时，i_{C1} 和 i_{C2} 处于电流受限状态，此时集电极电流波形的上、下顶部被削平，且随着 u_s 的增大而逐渐趋近于恒定，通过谐振回路可取出幅度恒定的基波电压。

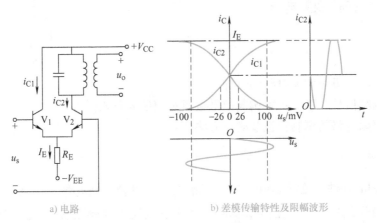

a) 电路　　　　　　　　b) 差模传输特性及限幅波形

图 7-29　差分对限幅器

应当指出，差分对限幅器是通过两管轮流截止实现限幅的，即 u_s 为正半周时 V_2 管截止，输出电流 i_{C2} 波形的下顶部被削平；u_s 为负半周时 V_1 管截止，$i_{C2} = I_E$，波形的上顶部被削平。由于电路不是依靠饱和效应来限幅的，所以不受基区载流子存储效应的影响，工作频率可提高。另外，由于两管参数一致，所以集电极电流波形上下对称，其中不包含偶次谐波分量，滤波器比较容易实现，输出的基波电压波形比较纯净。

为了减小门限电压，在电源电压不变的情况下，可适当加大发射极电阻 R_E，这样 I_E 减小，门限电压也随之降低。在集成电路中，常用恒流源电路代替 R_E，效果更好。

在实际的调频接收机中，往往采用多级差分放大器级联构成限幅中频放大电路，这样既有足够高的中频增益，又有极低的限幅电平。图 7-30 所示为单片集成鉴频器中的限幅放大电路，它由六级差分放大器组成，当工作频率在 10.7MHz 以下时，中频增益可达 50dB，限幅电平为 $0.2 \sim 1\text{mV}$，工作稳定可靠，温度稳定性也较好。

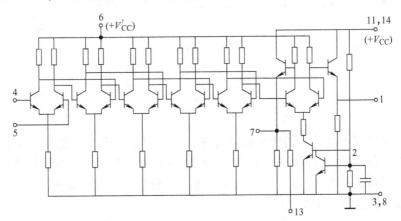

图 7-30　单片集成鉴频器中的限幅放大电路

7.4 仿真实训

7.4.1 变容二极管调频电路

1. 仿真目的

1）掌握变容二极管调频电路的原理。
2）观察调频信号波形，观察调制信号振幅对频偏的影响。
3）了解调频电路的调制特性及测量方法。

2. 仿真电路

打开 Multisim 软件，绘制如图 7-31 所示的变容二极管调频电路，图中 U_3 为调制信号加载至变容二极管两端，U_2 为变容二极管直流偏置电压，变容二极管接入 LC 正弦波谐振回路。

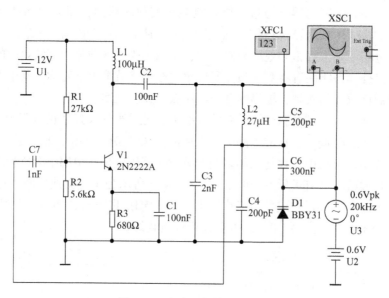

图 7-31　变容二极管调频电路

3. 测试内容

运行电路并打开示波器，调整示波器时基为 $10\mu s/Div$，变容二极管调频电路输出信号波形如图 7-32 所示。由于调制信号对振荡信号频率调制变化影响较小，示波器窗口的调频波形疏密变化很难观察出来，因此通过打开频率计进行观察，可以看到频率计上频率随调制信号的变化而变化，如图 7-33 所示。

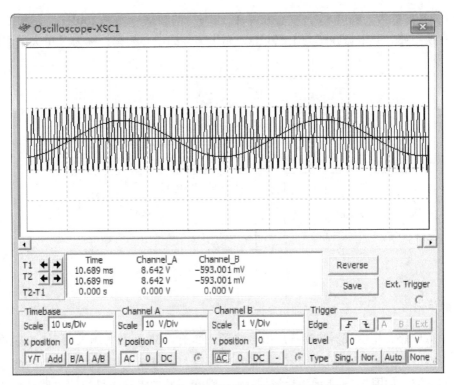

图 7-32 变容二极管调频电路输出信号波形

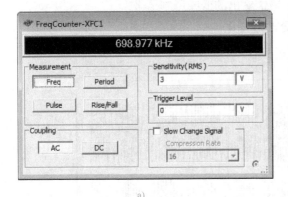

a)

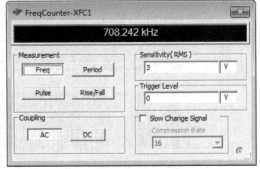

b)

图 7-33 变容二极管调频电路输出信号频率

7.4.2 单失谐回路斜率鉴频器

1. 仿真目的

1）掌握单失谐回路斜率鉴频器电路结构。
2）掌握单失谐回路斜率鉴频器工作原理。

2. 仿真电路

打开 Multisim 软件，绘制如图 7-34 所示的单失谐回路斜率鉴频器电路，电路中 U_1 是调频波信号，其参数为：幅值5V，中心频率1.1kHz，调制信号频率100Hz。L_1 和 C_1 组成调频-调幅变换电路，其谐振频率为1.59kHz，高于信号的中心频率，称为"单失谐回路"。

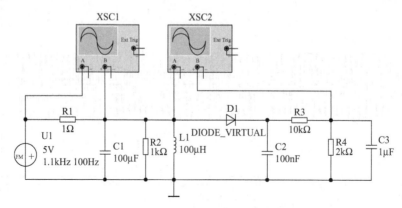

图 7-34　单失谐回路斜率鉴频器电路

3. 测试内容

1）运行电路，用示波器观察各点信号波形。如图 7-35 所示为示波器 XSC_1 观察到的调频-调幅变换电路的输入和输出波形，上面的波形是 A 通道输入调频波，下面的波形是 B 通道调频-调幅波。如图 7-36 所示为示波器 XSC_2 观察到的二极管包络检波电路的输入、输出波形，分别是 A 通道输入的调频-调幅波和 B 通道输出的低频调制信号。

2）改变 L_1、C_1 的数值，观察电路各部分波形变化。

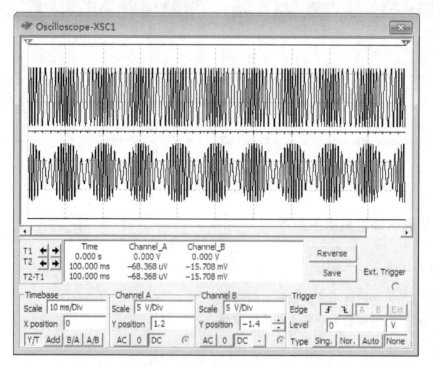

图 7-35　调频-调幅变换电路的输入和输出波形

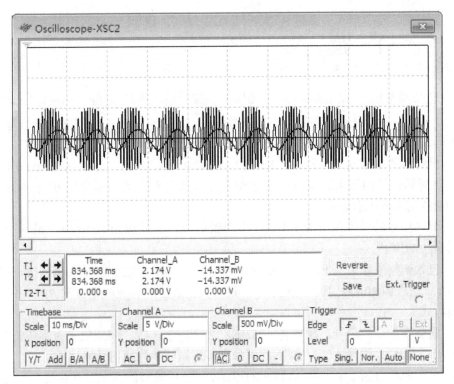

图 7-36 二极管包络检波电路的输入和输出波形

小 结

1. 频率和相位间存在内在联系，调频时必调相，调相时必调频，在模拟通信中主要采用调频。调频信号的调频指数 m_f 是最大频偏和调制信号频率的比值，调相信号的调相指数 m_p 与调制信号的最大值成正比。调角信号的频带宽度与调频或调相指数以及调制信号的最高频率有关。调频信号的产生方法有直接调频法和间接调频法。直接调频法电路简单，频偏较大，但中心频率不稳。间接调频法频偏虽小但中心频率稳定。

2. 调频信号的解调电路称为鉴频电路。调相信号的解调电路称为鉴相电路。鉴频电路的输出电压与输入调频信号频率之间的关系曲线称为鉴频特性曲线，通常希望鉴频特性曲线要陡峭，线性范围要大。

3. 常用的鉴频电路有斜率鉴频器、相位鉴频器、脉冲计数式鉴频器等。斜率鉴频是先利用 LC 并联谐振回路谐振曲线的下降（或上升）部分，将等幅调频信号变成调幅调频信号，然后用包络检波器进行解调。相位鉴频器是先将等幅的调频信号送入频相变换网络，变换成调相调频信号，然后用鉴相器进行解调。采用乘积型鉴相器的称为乘积型相位鉴频器，它由相乘器和单谐振回路频相变换网络以及低通滤波器等组成。采用叠加型鉴相器的称为叠加型相位鉴频器，它由耦合回路频相变换网络和二极管包络检波电路组成。

4. 调频信号在鉴频之前，需用限幅器将调频信号中的寄生调幅消除。限幅器通常由非线性元器件和谐振回路组成。

习 题

7.1 已知调制信号 $u_\Omega = 8\cos(2\pi \times 10^3 t)\,\text{V}$，载波输出电压 $u_\text{o}(t) = 5\cos(2\pi \times 10^6 t)\,\text{V}$，$k_\text{f} = 2\pi \times 10^3\,\text{rad/s} \cdot \text{V}$，试求调频信号的调频指数 m_f、最大频偏 Δf_m 和有效频谱带宽 BW，写出调频信号表达式。

7.2 已知调频信号 $u_\text{o}(t) = 3\cos[2\pi \times 10^7 t + 5\sin(2\pi \times 10^2 t)]\,\text{V}$，$k_\text{f} = 10^3\pi\,\text{rad/s} \cdot \text{V}$，试求：（1）该调频信号的最大相位偏移 m_f、最大频偏 Δf_m 和有效频谱带宽 BW；（2）写出调制信号和载波输出电压表达式。

7.3 调频信号的最大频偏为 75kHz，当调制信号频率分别为 100Hz 和 15kHz 时，求调频信号的 m_f 和 BW。

7.4 已知调制信号 $u_\Omega(t) = 6\cos(4\pi \times 10^3 t)\,\text{V}$，载波输出电压 $u_\text{o}(t) = 2\cos(2\pi \times 10^8 t)\,\text{V}$，$k_\text{p} = 2\,\text{rad/V}$。试求调相信号的调相指数 m_p、最大频偏 Δf_m 和有效频谱带宽 BW，并写出调相信号的表达式。

7.5 设载波为余弦信号，频率 $f_\text{c} = 25\text{MHz}$、振幅 $U_\text{m} = 4\text{V}$，调制信号为单频正弦波，频率 $F = 400\text{Hz}$，若最大频偏 $\Delta f_\text{m} = 10\text{kHz}$，试分别写出调频和调相信号表达式。

7.6 已知载波电压 $u_\text{o}(t) = 2\cos(2\pi \times 10^7 t)\,\text{V}$，现用低频信号 $u_\Omega(t) = U_{\Omega\text{m}}\cos 2\pi Ft$ 对其进行调频和调相，当 $U_{\Omega\text{m}} = 5\text{V}$、$F = 1\text{kHz}$ 时，调频和调相指数均为 10，求此时调频和调相信号的 Δf_m、BW；若调制信号 $U_{\Omega\text{m}}$ 不变，F 分别变为 100Hz 和 10kHz 时，求调频、调相信号的 Δf_m 和 BW。

7.7 变容二极管直接调频电路如图 7-37 所示，试画出振荡电路简化交流通路、变容二极管的直流通路及调制信号通路。当 $U_\Omega(t) = 0$ 时，$C_{\text{jQ}} = 60\text{pF}$，求振荡频率 f_c。

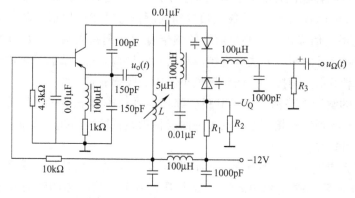

图 7-37 变容二极管直接调频电路

第8章

数字调制与解调电路

数字调制与模拟调制相比，无本质上的差异，区别仅在于调制信号一个是数字量，一个是模拟量。调制信号（基带信号）为数字量时，对载波信号的调制称为数字调制；调制信号（基带信号）为模拟量时，对载波信号的调制称为模拟调制。本章介绍数字调制的基本原理与电路，以及数字信号的解调电路。

8.1　数字信号调制原理

8.1.1　数字信号调制的特点

数字调制与模拟调制相比具有许多优点，例如抗干扰能力强，易于加密处理，利于与计算机联网，利于计算机对数字信号进行存储、处理和交换等，同时利于设备的集成化和微型化等。因此，原始的待传输信号为模拟量时，常常通过模-数转换将其转换为数字量，然后通过数字调制进行通信实现信号的远距离传输，接收后再经数-模转换复原为模拟量。这种利用数字调制进行的通信称为数字通信。在现代通信中，数字通信技术得到广泛应用，移动通信就是一个典型的例子。

由于数字信号的离散性，在实现数字调制时，可以采用键控法来实现，与模拟调制类似，根据载波信号受调制的是振幅、频率还是相位，数字调制也分为幅移键控调制（ASK）、频移键控调制（FSK）和相移键控调制（PSK）。

幅移键控调制时，载波振幅随调制信号变化。根据调制信号是二进制还是多进制，幅移键控调制又分为二进制幅移键控调制（2ASK）和多进制幅移键控调制（MASK）。类似地，频移键控调制也分为二进制频移键控调制（2FSK）和多进制频移键控调制（MFSK），相移键控调制也分为二进制相移键控调制（2PSK）和多进制相移键控调制（MPSK）。不加说明时，ASK、FSK、PSK 常表示二进制幅移、频移和相移键控调制。

上述三种基本的调制方法是数字调制的基础，随着大容量、远距离数字通信技术的发展，这三种调制方法也暴露出一些不足，例如频谱利用率低、功率谱衰减慢、带外辐射严重等。后来人们又陆续提出了一些新的调制技术，主要有最小频移键控调制（MSK）、高斯滤波最小频移键控调制（GMSK）、正交幅度调制（QAM）和正交频分复用调制（OFDM）等。下面主要讨论键控法数字调制。

8.1.2 数字调制信号的表示方法

表示数字调制信号常用两种方法：一种是波形图法，另一种是数学表达式法。

由于数字调制信号可以是二进制数，也可以是多进制数，不同进制所对应的信号波形是不相同的。这里仅以二进制数为例，说明如何用波形图法表示数字调制信号。常用的表示有两种：单极性波和双极性波。图 8-1a 所示的是用单极性波来表示二进制数，其特征是宽度为 T_b 的码位有两种状态，即低电平和高电平，高电平用数字"1"表示，低电平用数字"0"表示，因为电压脉冲都是正的，所以这种二进制数的脉冲属于单极性波。

图 8-1b 用正电平表示"1"，而用负电平表示"0"，这种用正负两种脉冲表示二进制数的方法，称为双极性波。无论是单极性波还是双极性波，信号波形的每个码位都只有两种状态，"高和低"或"正和负"，这类波形称为二元波。用波形来表示二进制数的方法很直观，但不便于进行数字信号的理论分析，下面讨论如何用数学表达式来表示数字调制信号。

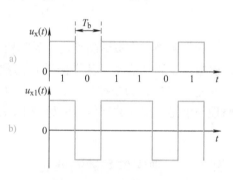

图 8-1 二进制信号波形

这里以调制信号为单极性波时为例进行说明。定义如下函数：

$$g(t) = \begin{cases} 1 & 0 \leqslant t \leqslant T_b \\ 0 & \text{其他} \end{cases}$$

式中，T_b 为脉冲宽度，上式表明只有自变量 t 在 $0 \leqslant t < T_b$ 范围内时，$g(t)$ 才等于 1，除此之外都等于零，可见 $g(t)$ 描述的是一个 $1 \sim T_b$ 之间的脉冲，其波形如图 8-2 所示。改变自变量，可以得到不同时刻的脉冲，例如 $g(t-T_b)$ 表示的是 $T_b \sim 2T_b$ 之间的脉冲，$g(t-3T_b)$ 表示的是 $3T_b \sim 4T_b$ 之间的脉冲。

通过对函数 $g(t)$ 分析可知，数字基带信号可以用数字序列 $\{a_n\}$ 表示，则

$$S(t) = \sum_n a_n g(t - nT_b) \tag{8-1}$$

式中，a_n 为随机变量，表示数字信息中的两种状态，a_n 取 0 或 1；$g(t)$ 为调制信号码元波形，常见的有矩形脉冲、升余弦脉冲、钟形脉冲等；T_b 为码元宽度。

例如，图 8-1a 的波形表示的是二进制数 101101，只要将 $a_0 = 1$、$a_1 = 0$、$a_2 = 1$、$a_3 = 1$、$a_4 = 0$、$a_5 = 1$ 代入式（8-1），即可得到图 8-1b 所示的波形。

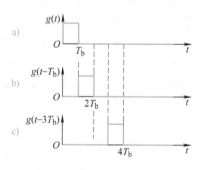

图 8-2 函数 $g(t)$ 表示脉冲波

8.1.3 幅移键控调制（ASK）

以二进制幅移键控调制（2ASK）的产生为例来说明。

所谓 ASK 调制，就是用数字调制信号去控制高频载波信号的振幅，使其振幅随调制信号的变化而变化。即当调制信号为"1"时，已调波信号为相应的高频载波信号；当调制信号为"0"时，已调波信号为零。常用来产生 ASK 信号的方法有相乘法和开关控制法。

1. 相乘法

相乘法就是将数字基带信号 $S(t)$ 和载波信号输入乘法器相乘，如图 8-3 所示，图中带通滤波器的作用是抑制干扰和带外信号，只允许 ASK 信号通过，乘法器的输出信号即为已调波信号 $u_{ASK}(t)$。

图 8-4 所示为相乘法产生 ASK 信号的波形图。图 8-4a 所示为数字调制信号波形，图 8-4b 所示为高频载波信号波形，图 8-4c 所示为相乘后的 ASK 信号波形。可见，ASK 是一个断续的波形。

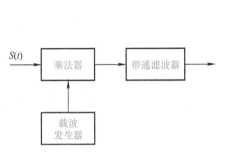

图 8-3 相乘法产生 ASK 信号的原理框图

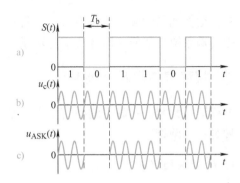

图 8-4 相乘法产生 ASK 信号的波形图

2. 开关控制法

开关控制法产生 ASK 信号的原理框图如图 8-5 所示，载波发生器产生高频载波信号，经开关控制器形成 ASK 信号。当数字调制信号 $S(t)$ 为"1"时控制器开关闭合，输出高频振荡信号；当调制信号 $S(t)$ 为"0"时开关断开，输出信号电平为零。可见，开关控制法产生 ASK 信号与相乘法产生 ASK 信号的结果是一样的。

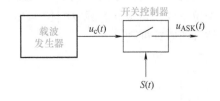

图 8-5 开关控制法产生 ASK 信号的原理框图

ASK 调制比较简单，容易实现，因此早期无线电报以及某些低速数据传输设备多采用这种方式。其主要缺点是抗干扰能力弱，对传输系统电平的稳定度要求高。

8.1.4 频移键控调制（FSK）

二进制频移键控是用数字调制信号的两种状态"0"和"1"去控制载波的频率。状态为"1"，载波频率为 f_1，状态为"0"，载波频率为 f_2，产生 FSK 信号的原理框图如图 8-6所示。数字调制信号如图 8-7a 所示。f_1、f_2 两个不同频率的信号送入由调制信号控制的开关控制器,当调制信号为"1"时,开关控制器接通 S_1,输出信号为 $u_{c1}(t)$,其频率为 f_1;当调制信号为"0"时,开关控制器接通 S_2,输出信号为 $u_{c2}(t)$,其频率为 f_2。于是得到如图 8-7b 所示的 FSK 信号。

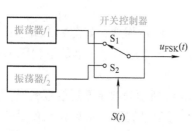

图 8-6 产生 FSK 信号的原理框图

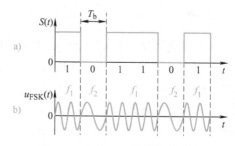

图 8-7 产生 FSK 信号的波形图

频移键控调制的实现比较容易,设备不太复杂,但信号频带宽度较宽,多用于速度较低的数据传输系统,如低速语音数字传输系统等。

8.1.5 相移键控调制 (PSK)

相移键控调制是用数字调制信号去控制载波的相位。它有两种形式:一种是绝对调相,另一种是相对调相。

1. 绝对调相 (PSK)

绝对调相是以载波相位为基准。数字调制信号为"1"时,已调波的相位与载波信号同相;调制信号为"0"时,已调波的相位与载波信号相差 180°。图 8-8 所示为 PSK 信号波形图。产生 PSK 信号的方法也可用相乘法和开关控制法。

用相乘法产生 PSK 信号,调制信号必须是双极性的,如果是单极性数字调制信号,首先将其通过电平转换电路变成双极性数字信号,然后在乘法器中和载波信号相乘,正极性时载波相位不变,负极性时载波相位倒相,于是输出为 PSK 信号。图 8-9 所示为相乘法产生 PSK 信号的原理框图。

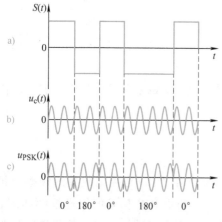

图 8-8 产生 PSK 信号的波形图

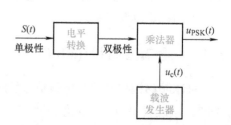

图 8-9 相乘法产生 PSK 信号的原理框图

开关控制法产生 PSK 信号的原理框图如图 8-10 所示。图中开关控制器有两个输入信号，一个是未倒相载波信号，另一个是经倒相后的载波信号。当调制信号为高电平"1"时，开关控制器使未倒相载波信号与输出端接通，输出信号与载波信号同相位；当调制信号为低电平"0"时，开关控制器使倒相载波信号与输出端接通，输出信号与载波信号反相位。于是形成相位随调制信号变化的 PSK 信号。

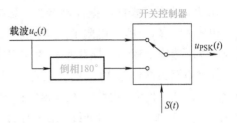

图 8-10 开关控制法产生 PSK 信号的原理框图

2. 相对调相（DPSK）

所谓相对调相，是指各码元的载波相位不是以未调制的载波相位为基准，而是以相邻的前一个码元的载波相位为基准去确定后一个码元载波相位的取值。当一个码元取值为"1"时，该码元的载波相位与相邻的前一个码元的载波相位相同，即零相移；当一个码元取值为"0"时，该码元的载波相位与相邻的前一个码元的载波相位相差 180°，相对调相信号（DPSK）波形如图 8-11 所示。

产生 DPSK 的原理框图如图 8-12 所示。首先将绝对码通过差分编码（码型变换）电路转换成双极性的差分码，然后与载波相乘即可得到 DPSK 信号。

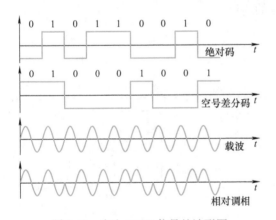

图 8-11 产生 DPSK 信号的波形图

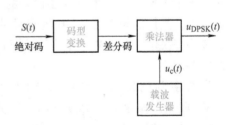

图 8-12 产生 DPSK 信号的原理框图

相移键控调制与其他调制方式相比，由于相移键控调制信号中没有载波分量，信号传输的能量利用率较高，性能优于幅移键控信号和频移键控信号，所以广泛应用于数据传输、数字通信、卫星通信等领域。

8.2 数字信号调制电路

1. ASK 信号调制电路

利用开关控制法产生 ASK 信号的电路如图 8-13 所示，该电路由两部分组成，右边为正弦波振荡电路，左边为开关控制电路。

振荡电路由声表面波振荡器 ZC_1，晶体管 V_1，电容 C_1、C_2、C_3，电阻 R_1、R_2 和电感 L 组成，ZC_1 选用 R315A，振荡频率为 315MHz。开关控制电路由晶体管 V_2、V_3，电容 C_4 及电阻 R_3、R_4、R_5 组成。电路中 $R_1 = 240\Omega$、$R_2 = 10k\Omega$、$R_3 = 5.1k\Omega$、$R_4 = 10k\Omega$、$R_5 = 1k\Omega$，电容 $C_1 = 2pF$、$C_2 = 10pF$、$C_3 = 1000pF$、$C_4 = 1000pF$，电感 $L = 33nH$，晶体管 V_1 选用 9018，V_2 选用开关管 3DK9C，V_3 选用 9014。下面简要分析其工作过程。

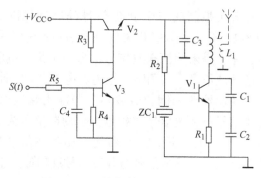

图 8-13 开关控制法产生 ASK 信号

正电源 V_{CC} 通过晶体管 V_2 向振荡电路供电，只有晶体管 V_2 饱和导通时，电源 V_{CC} 为振荡电路供电，振荡电路才能正常工作。

数字调制信号 $S(t)$ 加到 V_3 的基极，当 $S(t)$ 为"0"时，晶体管 V_3 截止，电源 V_{CC} 经电阻 R_3 向 V_2 提供较大的基极电流使其饱和导通，电源向振荡电路供电，振荡电路工作，输出高频振荡信号；当 $S(t)$ 为"1"时，晶体管 V_3 饱和导通，V_2 基极电压被拉低接近于零而截止，振荡电路无直流供电而停止振荡，于是在电路输出端得到 ASK 信号。

上述电路配上发射天线（如图中虚线所示），即构成完整的无线发射系统，这种发射系统常用于短距离遥控，例如对玩具、家用电器的遥控。

2. FSK 信号调制电路

图 8-14 所示为直接调频产生 FSK 信号电路。图中主电路是一个变压器耦合的 LC 振荡电路，其振荡频率由 LC 并联谐振回路的振荡频率决定。R_1、V_1、V_2 等构成开关控制电路。

当数字调制信号 $S(t)$ 为"1"时，V_1、V_2 截止，振荡频率由 L 和 C_1 决定；当 $S(t)$ 为"0"时，V_1、V_2 导通，振荡频率由 L、C_1、C_2 决定。可见，数字调制

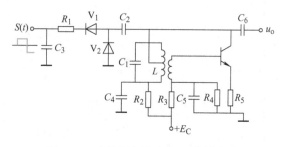

图 8-14 直接调频产生 FSK 信号电路

信号 $S(t)$ 控制着回路电容的大小，从而实现频率的改变，即电路输出 FSK 信号。

8.3 数字信号的解调

8.3.1 2ASK 信号的解调

2ASK 信号有两种基本的解调方法，即非相干解调（包络检波法）与相干解调（同步检波法）。简单地说，非相干解调法是指接收端不需要恢复载波信号即可实现解调的方法；相干解调法则是在接收端必须恢复与发送端一致的载波信号才能实现解调的方法。

1. 2ASK 信号的非相干解调

2ASK 非相干解调框图如图 8-15 所示。

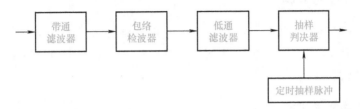

图 8-15　2ASK 非相干解调框图

带通滤波器的作用是使 2ASK 信号完整地通过，经包络检波器后，输出其包络。低通滤波器（LPF）的作用是滤除高频杂波，使基带信号（包络）通过。抽样判决器包括抽样、判决及码元形成，经抽样、判决后将码元再生，即可恢复出数字序列。定时抽样脉冲（位同步信号）是很窄的脉冲，通常位于每个码元的中央位置，其重复周期等于码元的宽度。

2. 2ASK 信号的相干解调

2ASK 相干解调框图如图 8-16 所示。

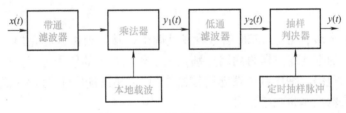

图 8-16　2ASK 相干解调框图

相干解调就是同步解调，要求接收机产生一个与发送载波同频、同相的本地载波信号，称其为同步载波或相干载波。

设输入信号为 $x(t) = S(t)\cos(\omega_c t + \theta_c)$，本地载波为 $A\cos(\omega_1 t + \theta_1)$，则乘法器输出

$$y_1(t) = S(t)\cos(\omega_c t + \theta_c)A\cos(\omega_1 t + \theta_1)$$
$$= 0.5AS(t)\cos[(\omega_c - \omega_1)t + (\theta_c - \theta_1)] + 0.5AS(t)\cos[(\omega_c + \omega_1)t + (\theta_c + \theta_1)]$$

$$(8-2)$$

低通滤波器输出为

$$y_2(t) = 0.5AkS(t)\cos[(\omega_c - \omega_1)t + (\theta_c - \theta_1)] \qquad (8-3)$$

式中，k 为低通滤波器传输系数。

根据相干调制的定义，本地载波应与发送端载波同频同相，即式(8-3) 中，$\omega_c - \omega_1 = 0$，$\theta_c - \theta_1 = 0$，最终输出为

$$y_2(t) = 0.5AkS(t) \qquad (8-4)$$

采用相干解调，接收端必须提供一个与 2ASK 信号载波保持同频、同相的相干振荡信号，可以通过窄带滤波器或锁相环来提取同步载波。显然，提取本地载波会导致设备复杂，实现困难。

对于 2ASK 信号，通常使用包络检波法。包络检波法具有设备简单、稳定性好、可靠性高、价格便宜等优点。

8.3.2 2FSK 信号的解调

2FSK 信号同样有两种基本的解调方法，即非相干解调（包络检波法）与相干解调（同步检波法）。由于从 2FSK 信号中提取载波较困难，目前多采用非相干解调的方法，如鉴频法、分路滤波包络检波法、过零点检测法等。

1. 分路滤波包络检波法

分路滤波包络检波法框图如图 8-17 所示。

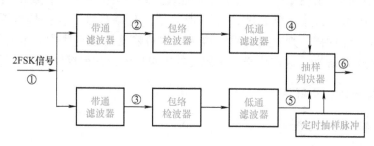

图 8-17 分路滤波包络检波法框图

当频移宽度较大时，可把 2FSK 信号看成是两个幅移键控信号的叠加，此时，利用两个中心频率为 f_1、f_2 的带通滤波器将两路分别代表 1 码和 0 码的信号进行分离，经包络检波器后分别取出它们的包络。抽样判决器起比较器作用，把两路包络信号同时送到抽样判决器进行比较，从而判决输出基带数字信号。

若上、下支路的抽样值分别用 y_1、y_2 表示，则当 $y_1 \geq y_2$ 时，判决输出 1 码；当 $y_1 < y_2$ 时，判决输出 0 码。

分路滤波包络检波法各点波形如图 8-18 所示。

分路滤波包络检波法的缺点是频带利用率低，但实现比较容易，主要用于解调相位不连续的 FSK 信号。

2. 过零点检波法

过零点检波法的基本思想是：2FSK 信号的过零点数目随不同的载波而异，即频率高则过零点数目多，频率低则过零点数目少，因此通过检测过零点数目可以判断载波的异同。过零点检波法框图如图 8-19 所示。

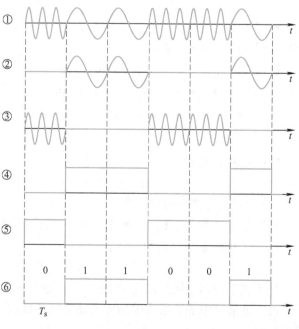

图 8-18 分路滤波包络检波法各点波形

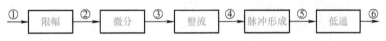

图 8-19 过零点检波法框图

将 2FSK 信号经限幅、微分、整流得到与频率变化相对应的单极性脉冲序列（该序列代表调频波的过零点数目），然后经脉冲形成电路形成一定宽度的脉冲，经低通滤波器形成相应的数字信号，实现过零检测，各点波形如图 8-20 所示。

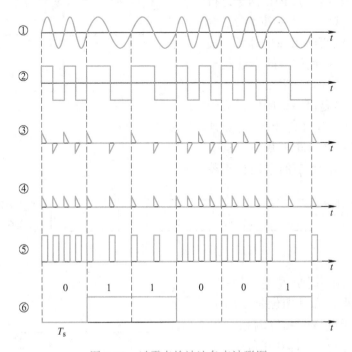

图 8-20 过零点检波法各点波形图

8.3.3 相移键控的解调

对于调相信号，相位本身携带信息，在识别它们时必须依据相位，因此，必须使用相干解调法。

1. 绝对调相的解调

2PSK 解调原理框图如图 8-21 所示。

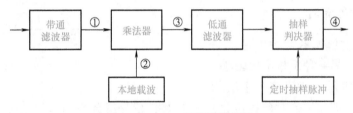

图 8-21 2PSK 解调原理框图

2PSK 解调各点波形如图 8-22 所示。

2PSK 信号相干解调的过程实际上是输入已调信号与本地载波信号进行极性比较的过程，故常称为极性比较法解调。

在 2PSK 解调中，关键是恢复发送端的载波信号。通常的方法是倍频–分频法，如图 8-23 所示。首先，对 2PSK 信号进行全波整流，实现倍频，产生频率为 $2f_c$ 的谐波；然后通过滤波器输出 $2f_c$ 分量；最后经过二分频取得频率为 f_c 的本地相干载波，各点波形如图 8-24 所示。

由于 2PSK 信号是以一个固定初相的未调载波为参考的，所以，解调时必须有与此同频同相的本地同步载波。从上面的分析可知，频率为 f_c 的本地相干载

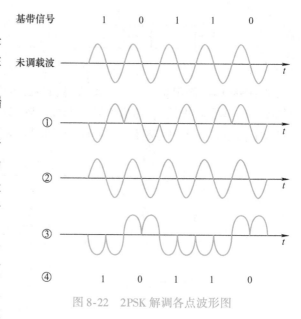

图 8-22　2PSK 解调各点波形图

图 8-23　倍频–分频法框图

波的相位由于干扰、同步误差等原因，存在相位模糊问题，即其相位是不确定的。如果本地相干载波的相位倒相（比较图 8-24 中的④、⑤），即 0 相位变为 π 相位或 π 相位变为 0 相位，就会造成 0 判断为 1、1 判断为 0 的判断错误。这种因为本地参考载波倒相，而在接收端发生错误恢复的现象称为"反向工作"现象。因此，绝对调相的最大缺点是容易产生相位模糊，产生反向工作现象，实际应用中使用较少。解决绝对调相这个缺点的方法是采用相对调相。

2. 相对调相的解调

2DPSK 信号的解调有两种方法：一种是极性比较法，另一种是相位比较法。

极性比较法实际上是间接产生法相

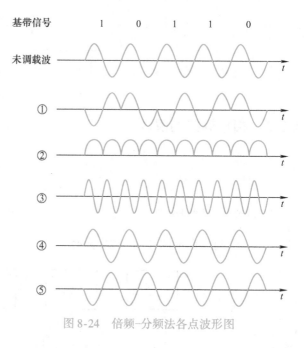

图 8-24　倍频–分频法各点波形图

对调相的反过程，即先按绝对调相接收，把 2DPSK 信号解调为相对码基带信号，然后经过码变换器将相对码变换为绝对码。极性比较法解调框图如图 8-25 所示。

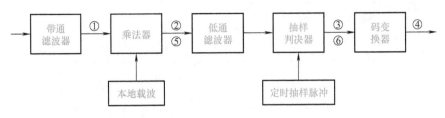

图 8-25 极性比较法解调框图

图 8-26 说明了极性比较法解调的过程和 DPSK 是如何克服反向工作的。①、②、③、④是载波未发生倒相时的解调波形，而①、⑤、⑥、④是载波发生倒相时的解调波形。可以看到，无论本地载波是否发生倒相，最终解调输出的都是发送端发送的基带信号，这是因为要经过码变换器的缘故。在码变换器中，按照下式：

$$b_n = a_n \oplus b_{n-1} \quad (8-5)$$

$$a_n = b_n \oplus b_{n-1} \quad (8-6)$$

进行码变换，这里 a_n 为绝对码，b_n 为相对码。

相位比较法是直接使用相位比较器比较前、后码元载波的相位差而实现解调的，故又称差分相干解调法。相位比较法解调框图如图 8-27 所示。

相位比较法不需要相干载波发生器，设备简单、实用，但需要精确的延时电路。延时电路的输出起着参考载波的作用，乘法器起着相位比较（鉴相）的作用。相位比较法各点波形如图 8-28 所示。

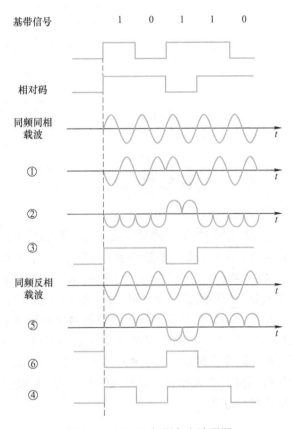

图 8-26 2DPSK 解调各点波形图

图 8-27 相位比较法解调框图

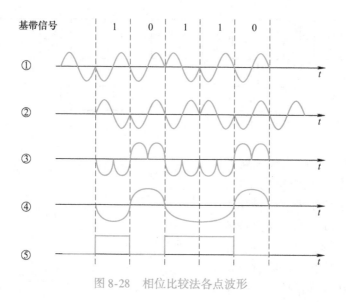

图 8-28 相位比较法各点波形

小 结

1. 现代通信技术主要采用数字信号调制技术，数字信号调制的三种主要形式是幅移键控调制（ASK）、频移键控调制（FSK）和相移键控调制（PSK）。二进制幅移键控调制（2ASK）实现方法有相乘法和开关控制法，频移键控调制（2FSK）信号中包含两种不同的频率成分，相移键控调制（2PSK）又分为绝对调相（PSK）和相对调相（DPSK）两种。

2. 三种数字信号的解调：二进制数字幅移键控即2ASK信号的解调采用非相干解调法（类似包络检波）和相干解调法（类似同步检波）；二进制数字频移键控即2FSK信号的解调采用分路滤波包络检波法和过零点检波法；二进制数字相移键控分为绝对调相2PSK解调和相对调相2DPSK解调，2PSK解调采用极性比较法，2DPSK解调则采用极性比较法和相位比较法两种方法。

习 题

8.1 有哪几种常用的数字信号调制方法？各有什么特点？

8.2 产生ASK和PSK信号有哪些方法？试简述其原理。

8.3 2ASK信号有哪几种解调方法？各有什么特点？

8.4 过零点检波法和分路滤波包络检波法相比，在解调2FSK信号的应用方面有什么不同？

第9章

反馈控制电路

反馈控制是现实物理过程中的一个基本现象。在通信与电子设备中，为了提高性能或实现某些特定的要求，广泛采用各种类型的反馈控制电路。采用反馈控制的方法稳定放大器增益是反馈控制在电子线路领域最典型的应用之一。在高频电路中，常常需要准确调整放大器的输出电压振幅、混频器的本振频率、振荡信号的频率或相位等。根据需要比较和调节的参量不同，反馈控制电路有自动增益控制电路（Automatic Gain Control，AGC）、自动频率控制电路（Automatic Frequency Control，AFC）、自动相位控制电路（Automatic Phase Control，PLL）和自动功率控制电路（Automatic Power Control，APC）。

1）自动增益控制电路（AGC）：又称自动电平控制电路，需要比较和调节的参量为电流或电压，用来控制输出信号的幅度。

2）自动频率控制电路（AFC）：需要比较和调节的参量为频率，用于维持工作频率的稳定。

3）自动相位控制电路（PLL）：需要比较和调节的参量为相位，又称锁相环路（Phase Locked Loop，PLL），用于锁定相位，是一种应用很广的反馈控制电路。利用锁相原理构成的频率合成器，是现代通信系统的重要组成部分。

4）自动功率控制电路（APC）：主要用于移动通信，它可以解决同一无线通信系统内多台发射机发射的射频信号发生强信号抑制弱信号的问题。

9.1　自动增益控制电路

自动增益控制电路是接收机中不可缺少的辅助电路，同时，它在发射机和其他电子设备中也有广泛的应用。

9.1.1　自动增益控制电路的作用

自动增益控制电路组成框图如图9-1所示。图中可控增益放大器用于放大输入信号 u_i，其增益是可变的，它的大小取决于控制电压 U_C。振幅检波器、直流放大器和比较器构成反馈控制器。放大器输出的交流信号经振幅检波器变换成直流信号，通过直流放大器的放大，在比较器中与参考电平 U_R 相比较而产生一直流电压 U_C，可见，图9-1所示的电路构成了一个闭合环路。若输入电压 u_i 的幅度增大而使输出电压 u_o 幅度增大时，通过反馈控制器产生一控制电压，使 A_u 减小；当 u_i 幅度减小，使 u_o 幅度减小时，反馈控制器即产生一控制信号使 A_u 增大。这样，通过环路的反馈控制作用，可使输入信号 u_i 幅度增大或减小时，输出信号幅度保持恒定或仅在很小的范围内变化，这就是自动增益控制电路的作用。

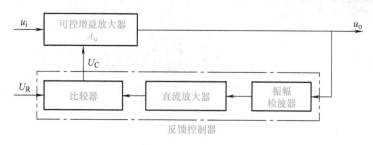

图 9-1　自动增益控制电路组成框图

在无线通信中，因接收电台的不同、通信距离的变化、电磁波传播信道的衰减量变化以及接收机环境变化等，接收机接收到的信号强度均会发生很大的波动。可以设想，如果接收机的增益不变，输入信号幅度在很大范围内变化时，输出信号的幅度也将发生同样比例的变化，在强信号时就有可能使接收机过载而导致阻塞，在弱信号时则又有可能造成信号的丢失。为了克服这一缺点，可采用自动增益控制电路，使接收机的增益随着输入信号的强弱而变化，即输入信号弱时，接收机增益增大；输入信号强时，接收机增益减小，以补偿输入信号强弱的影响，达到减小输出电平变化的目的。所以，为了提高接收机的性能，AGC 电路在接收机中几乎是不可缺少的辅助电路。

图 9-2 所示为调幅接收机的自动增益控制电路结构框图。图中各级放大器（包括混频器）组成环路可控增益放大器，振幅检波器和 RC 低通滤波器组成环路的反馈控制器。与图 9-1 比较，省略了直流放大器，并用振幅检波器兼作比较器。由于振幅检波器输出的信号电压主要由两部分组成：一部分是低频信号电压，它反映输入调幅波的包络变化规律；另一部分则是随输入载波幅度作相应变化的直流信号电压。与输出低频信号相比较，反映载波幅度的输出直流电压的变化是极为缓慢的，因而在振幅检波器输出端用一级具有较大时间常数的 RC 低通滤波器，就能滤除低频信号电压，把该直流电压取出来加到各被控级（高放、中放级），用以改变被控级的增益，从而使接收机的增益随输入信号的强弱而变化，实现了 AGC 作用。

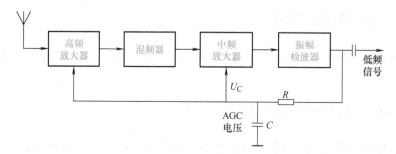

图 9-2　具有简单 AGC 电路的调幅接收机结构框图

在图 9-2 所示简单 AGC 电路中，当接收机一有输入信号时，AGC 电路就会立即起控制作用，接收机的增益因受控而降低，这对接收弱信号是不利的。为了克服这一缺点，可采用

图 9-3a 所示的延迟式 AGC 电路，图中单独设置提供 AGC 电压的 AGC 检波器，其延迟特性由加在 AGC 检波器上的附加偏压 U_R（参考电平）来实现。当检波器输入信号幅度小于 U_R 时，AGC 检波器不工作，AGC 电压为零，AGC 不起控制作用；当 AGC 检波器输入信号幅度大于 U_R 时，AGC 电路才起作用，其控制特性如图 9-3b 所示。

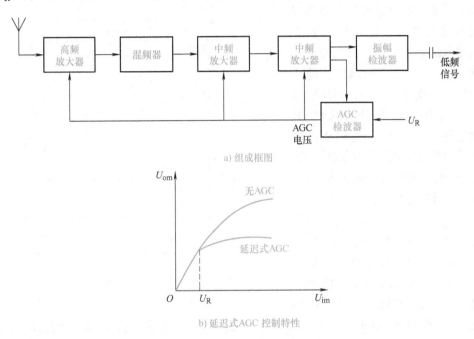

a) 组成框图

b) 延迟式 AGC 控制特性

图 9-3　具有延迟式 AGC 电路的接收机

9.1.2　常用自动增益控制电路

根据系统对 AGC 的要求，可采用多种不同形式的控制电路。下面介绍两种常用的增益控制电路。

1. 控制晶体管发射极电流实现增益控制

晶体管放大器的增益与放大管的跨导 g_m 有关，而 g_m 与管子的静态工作点有关，因此，改变发射极工作点电流 I_E，放大器的增益即随之改变，从而达到控制放大器增益的目的。

为了控制晶体管的静态工作点电流 I_E，一般把控制电压 U_C 加到晶体管的基极或发射极上。图 9-4 所示是控制电压加到晶体管基极上的 AGC 电路。图中受控管为 NPN 型，故控制电压 U_C 应为负极性，即信号增大时，控制电压向负的方向增大，从而导致 I_E 减小，g_m 下降，使放大器增益降低。

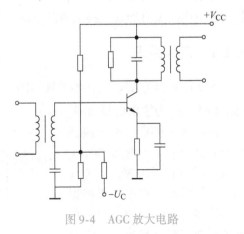

图 9-4　AGC 放大电路

2. 差分放大器增益控制电路

集成电路中广泛采用差分电路作为基本单元，差分电路的增益控制可以通过改变其电流分配比、负反馈深度和恒流源电流等来实现。

图 9-5 所示是由中频放大器集成块构成的放大电路，图中 V_2、V_3 为集成电路内部差分对管，自动增益控制电压 U_C 加在 V_2 管的基极。输入信号经外接自耦变压器耦合到集成电路的 V_1 管基极，与 V_3 组成共射-共基级联电路，再经 V_4、V_5 组成的两级射极输出器后输出。输入信号加到 V_1 后，即在其集电极产生相应的交流电流 i_{c1}，该电流通过 V_2、V_3，分别为 i_{c2}、i_{c3}，且 $i_{c1} = i_{c2} + i_{c3}$。当自动增益控制电压 U_C 增大时，V_2 管的导通电阻减小，V_3 管的导通电阻增大，电流 i_{c2} 增大、i_{c3} 减小，放大器输出减小，增益下降，如 U_C 足够

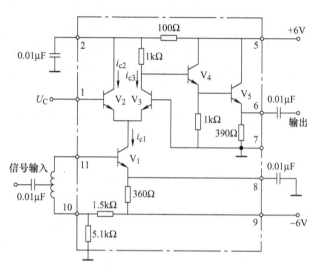

图 9-5　改变电流分配比的增益控制电路

大，使得 V_3 管截止，这时 $i_{c3} = 0$，$i_{c2} = i_{c1}$，放大器输出为零；当 U_C 减小时，i_{c2} 减小、i_{c3} 增大，放大器输出增大，增益上升，如 U_C 足够小，使得 V_2 管截止，$i_{c2} = 0$，$i_{c3} = i_{c1}$，此时放大器输出最大，增益最高。可见，该电路利用 U_C 控制电流 i_{c3} 和 i_{c2} 的分配比而实现增益控制作用。增益动态范围和响应时间是 AGC 电路的两个主要性能指标。

9.2　自动频率控制电路

在通信和各种电子设备中，频率是否稳定将直接影响到系统的性能，工程上常采用自动频率控制电路来自动调节振荡器的频率，使之稳定在某一预期的标准频率附近。

9.2.1　工作原理

图 9-6 所示为 AFC 电路的原理框图，它由鉴频器、低通滤波器和压控振荡器组成，f_r 为标准频率，f_o 为输出信号频率。

由图 9-6 可见，压控振荡器的输出频率 f_o 与标准频率 f_r 在鉴频器中进行比较，当 $f_o = f_r$ 时，鉴频器无输出，压控振荡器不受影响；当 $f_o \neq f_r$ 时，鉴频器即有电压输出，其大小

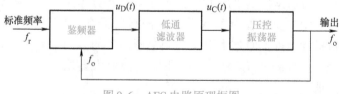

图 9-6　AFC 电路原理框图

正比于 $f_\mathrm{o}-f_\mathrm{r}$，低通滤波器滤除交流分量，输出直流控制电压 $u_\mathrm{C}(t)$，迫使压控振荡器的振荡频率 f_o 向 f_r 接近，而后在新的压控振荡器振荡频率基础上，再经历上述同样的过程，使误差频率进一步减小，如此循环下去，最后 f_o 和 f_r 的误差减小到某一最小值 Δf 时，自动微调过程即停止，环路进入锁定状态。就是说，环路在锁定状态时，压控振荡器输出信号频率等于 $f_\mathrm{r}+\Delta f$，Δf 称为剩余频率误差，简称剩余频差，这时，压控振荡器在由剩余频差 Δf 通过鉴频器产生的控制电压作用下，使其振荡频率保持在 $f_\mathrm{r}+\Delta f$ 上。自动频率控制电路通过自身的调节，可以将原来因压控振荡器不稳定而引起的较大起始频差减小到较小的剩余频差 Δf。由于自动频率微调过程是利用误差信号的反馈作用来控制压控振荡器的振荡频率的，而误差信号是由鉴频器产生的，因而达到最后稳定状态，即锁定状态时，两个频率不能完全相等，必须有剩余频差 Δf 存在，这就是 AFC 电路的缺点，当然，要求剩余频差 Δf 越小越好。自动频率控制电路的剩余频差的大小取决于鉴频器和压控振荡器的特性。鉴频特性和压控振荡器的控制特性斜率值越大，环路锁定所需要的剩余频差也就越小。

9.2.2 应用电路

自动频率控制电路广泛用作接收机和发射机中的自动频率微调电路。图 9-7 所示是采用 AFC 电路的调幅接收机组成框图，它比普通调幅接收机增加了限幅鉴频器、低通滤波器和放大器等部分，同时将本地振荡器改为压控振荡器。混频器输出的中频信号经中频放大器放大后，除送到包络检波器外，还送到限幅鉴频器进行鉴频。由于鉴频器中心频率调在规定的中频频率 f_I 上，鉴频器就可将偏离于中频的频率误差变换成电压，该电压通过低通滤波器和放大器后作用到压控振荡器上，压控振荡器的振荡频率发生变化，使偏离于中频的频率误差减小。这样，在 AFC 电路的作用下，输入接收机的调幅信号的载波频率和压控振荡器频率之差接近于中频。因此，采用 AFC 电路后，中频放大器的带宽可以减小，从而有利于提高接收机的灵敏度和选择性。

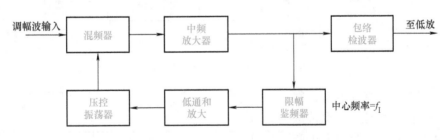

图 9-7 调幅接收机中的 AFC 系统

图 9-8 所示是采用 AFC 电路的调频发射机组成框图。图中晶体振荡器是参考频率信号源，其频率为 f_r，频率稳定度很高，作为 AFC 电路的标准频率；调频振荡器的标称中心频率为 f_c；限幅鉴频器的中心频率调整在 $f_\mathrm{r}-f_\mathrm{c}$ 上，由于 f_c 稳定度很高，当调频振荡器的中心频率发生漂移时，混频器输出的频差也跟随变化，使限幅鉴频器输出电压发生变化，经低通滤波器滤除调制频率分量后，将反映调频波中心频率漂移的缓慢变化电压加至调频振荡器上，调节其振荡频率使其中心频率漂移减小，稳定度提高。

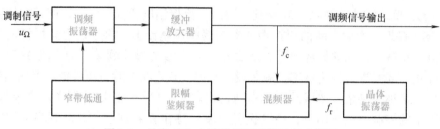

图 9-8　具有 AFC 电路的调频发射机组成框图

9.3　锁相环路

锁相环路也是一种以消除频率误差为目的的自动控制电路，但它不是直接利用频率误差信号电压，而是利用相位误差信号电压去消除频率误差。

目前，锁相环路在滤波、频率综合、调制与解调、信号检测等许多技术领域获得了广泛的应用，在模拟与数字通信系统中已成为不可缺少的基本部件。

9.3.1　锁相环路的组成与基本原理

锁相环路基本组成框图如图 9-9 所示，它是由鉴相器、环路滤波器和压控振荡器组成的闭合环路，与 AFC 电路相比较，其差别仅在于鉴相器取代了鉴频器。鉴相器是相位比较部件，它能够检出两个输入信号之间的相位误差，输出反映相位误差的电压 $u_D(t)$。环路低通滤波器用来消除误差信号中的高频分量及噪声，提高系统的稳定性。压控振荡器受控于环路滤波器输出电压 $u_C(t)$，即其振荡频率受 $u_C(t)$ 的控制。

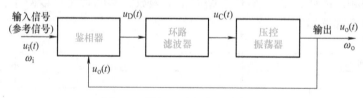

图 9-9　锁相环路基本组成框图

若两个正弦信号频率相等，则这两个信号之间的相位差必保持恒定，如图 9-10a 所示。若两个正弦信号频率不相等，则它们之间的瞬时相位差将随时间变化而不断变化，如图 9-10b 所示。换句话说，如果能保证两个信号之间的相位差恒定，则这两个信号频率必相等。锁相环路就是利用两个信号之间的相位误差来控制压控振荡器输出信号的频率，最终使两个信号之间的相

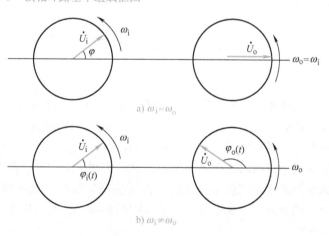

a) $\omega_i = \omega_o$

b) $\omega_i \neq \omega_o$

图 9-10　两个信号的频率和相位之间的关系

位保持恒定，从而达到两个信号频率相等的目的。

根据上述原理可知，在图 9-9 所示锁相环路中，若压控振荡器的角频率 ω_o 与输入信号角频率 ω_i 不相同，则输入到鉴相器的电压 $u_i(t)$ 和 $u_o(t)$ 之间势必产生相应的相位变化，鉴相器输出一个与瞬时相位误差成比例的误差电压 $u_D(t)$，经过环路滤波器取出其中缓慢变化的直流电压 $u_C(t)$，控制压控振荡器的频率，使得 $u_i(t)$、$u_o(t)$ 之间的频率差减小，直到压控振荡器输出信号频率等于输入信号频率、两信号相位差等于常数时，锁相环路进入锁定状态。只要合理选择环路参数，就可使环路相位误差达到很小值。必须指出，只有在 ω_o 与 ω_i 相差不大的范围内，才能使锁相环路锁定。

锁相环路的性能主要取决于鉴相器、环路滤波器和压控振荡器三个基本组成部件，下面先对它们的基本特性予以说明。

1. 鉴相器（PD）

鉴相器是锁相环路中的关键部件，它负责将两个输入信号的相位进行比较，输出反映相位误差的控制电压，其功能如图 9-11a 所示。设压控振荡器的输出电压为

$$u_o(t) = U_{om}\cos[\omega_{o0}t + \varphi_o(t)] \tag{9-1}$$

式中，ω_{o0} 是压控振荡器未加控制电压时的固有振荡角频率；$\varphi_o(t)$ 是以 ω_{o0} 为参考的瞬时相位。

设环路输入电压 $u_i(t)$ 为

$$u_i(t) = U_{im}\sin\omega_i t \tag{9-2}$$

要对两个信号的瞬时相位进行比较，需要在同一频率上进行。因此，将式(9-2) 中输入信号 $u_i(t)$ 的总相位 $\omega_i(t)$ 进行了如下的变换：

$$\omega_i t = \omega_{o0}t + (\omega_i - \omega_{o0})t = \omega_{o0}t + \varphi_i(t) \tag{9-3}$$

由此可以得到以 $\omega_{o0}t$ 为参考的输入信号瞬时相位 $\varphi_i(t)$ 为

$$\varphi_i(t) = (\omega_i - \omega_{o0})t \tag{9-4}$$

因此，$u_i(t)$ 与 $u_o(t)$ 之间的瞬时相位差为

$$\varphi_e(t) = \varphi_i(t) - \varphi_o(t) \tag{9-5}$$

可见，鉴相器的输出电压 $u_D(t)$ 与相位差 $\varphi_e(t)$ 成正比。将 $u_D(t)$ 与 $\varphi_e(t)$ 关系曲线称为鉴相特性。几种常用鉴相器的鉴相特性如图 9-11 所示。图 9-11b 为正弦形鉴相特性，可用模拟相乘器构成的乘积型鉴相器来实现，常用于两路输入信号均为正弦波的锁相环路中；图 9-11c 为三角形鉴相特性，可用异或门鉴相器来实现，常用于两路输入信号均为方波的锁相环路中；图 9-11d 为边沿触发数字鉴相器的鉴相特性，其特点是在 $\pm 2\pi$ 范围内，即在 $f_i = f_o$ 时，鉴相器输出电压 $u_D(t)$ 与相位差成线性关系，称为鉴相区；在 $f_i > f_o$ 和 $f_i < f_o$ 区域，称为鉴频区，在此区域输出电压 $u_D(t)$ 几乎与相位差无关，始终输出最大的直流电压，这样可使锁相环路快速进入锁定状态。这类鉴相器只对输入信号的上升沿起作用，与输出、输入波形的占空比无关。

2. 环路滤波器（LF）

鉴相器的输出电压必须经过环路滤波器平滑滤波后，即滤除高频交流及噪声后，才能用于控制压控振荡器，环路滤波器是低通滤波器，它的特性对锁相环路性能参数有较大的影响。

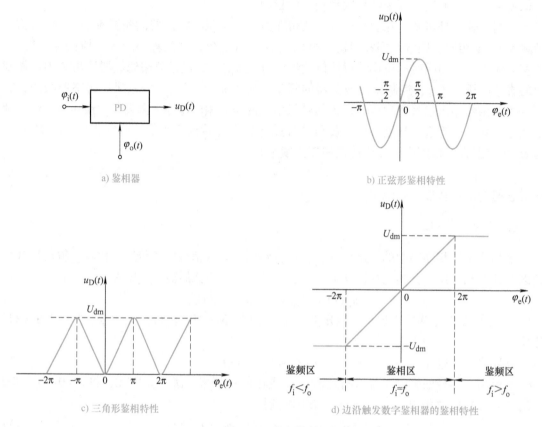

a) 鉴相器

b) 正弦形鉴相特性

c) 三角形鉴相特性

d) 边沿触发数字鉴相器的鉴相特性

图 9-11　鉴相特性

在锁相环路中常用的环路滤波器有 RC 积分滤波器、RC 比例积分滤波器和有源比例积分滤波器等，它们的电路如图 9-12 所示。**由图可写出它们的传递函数，现以图 9-12b 为例，得**

$$A_F(s) = \frac{U_C(s)}{U_D(s)} = \frac{R_2 + \dfrac{1}{sC}}{R_1 + R_2 + \dfrac{1}{sC}} = \frac{1 + s\,\tau_2}{1 + s(\tau_1 + \tau_2)} \tag{9-6}$$

式中，$U_C(s)$、$U_D(s)$ 分别为输出和输入电压的拉普拉斯变换式，$s = \sigma + \mathrm{j}\omega$ 为复频率，$\tau_1 = R_1 C$，$\tau_2 = R_2 C$。

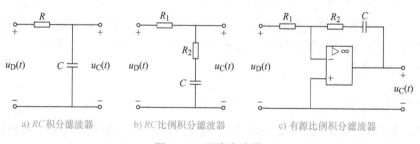

a) RC积分滤波器　　　b) RC比例积分滤波器　　　c) 有源比例积分滤波器

图 9-12　环路滤波器

比例积分滤波器可把鉴相器输出电压（即使是非常微小的电压）积累起来，形成一个相当大的控制电压 $u_C(t)$。只要改变环路滤波器的 R_1、R_2、C 就可以改变环路滤波器的性能，也就方便地改变锁相环路的性能。

3. 压控振荡器（VCO）

压控振荡器是一个电压–频率变换装置，它的振荡频率随输入控制电压 $u_C(t)$ 的变化而变化。一般情况下，压控振荡器的控制特性是非线性的，如图 9-13 所示，图中，ω_{o0} 是未加控制电压 $u_C(t)$ 时压控振荡器的固有振荡角频率。不过，在 $u_C(t)=0$ 附近的有限范围内控制特性近似呈线性，因此，它的控制特性可近似用线性方程来表示，即

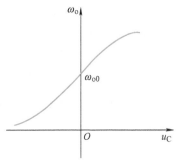

$$\omega_o(t) = \omega_{o0} + A_o u_C(t) \tag{9-7}$$

式中，A_o 是控制灵敏度，或称增益系数，单位是 $\mathrm{rad/(s \cdot V)}$，它表示单位控制电压所引起振荡角频率的变化量。

由于压控振荡器的输出反馈到鉴相器上，对鉴相器输出误差电压 $u_D(t)$ 起作用的不是其频率而是其相位，因此对式(9-7) 进行积分，则得

图 9-13　压控振荡器的控制特性

$$\varphi(t) = \int_0^t \omega_o(t)\,\mathrm{d}t = \omega_{o0} + A_o \int_0^t u_C(t)\,\mathrm{d}t \tag{9-8}$$

与式(9-1) 相比较，可知

$$\varphi_o(t) = A_o \int_0^t u_C(t)\,\mathrm{d}t \tag{9-9}$$

由式(9-9) 可见，就 $\varphi_o(t)$ 和 $u_C(t)$ 之间的关系而言，压控振荡器是一个理想的积分器，通常称它为锁相环路中的固有积分环节。

9.3.2　锁相环路的捕捉与跟踪

锁相环路根据初始状态的不同有两种自动调节过程，即捕捉和跟踪过程。若环路初始状态是失锁的，通过自身的调节，使压控振荡器频率逐渐向输入信号频率靠近，当达到一定程度后，环路即能进入锁定，这种由失锁进入锁定的过程称为捕捉过程。相应地，能够由失锁进入锁定的最大输入固有频差称为环路的捕捉带，常用 $\Delta\omega_P$ 表示。

若环路初始状态是锁定的，因某种原因使频率发生变化，环路通过自身的调节来维持锁定的过程称为跟踪过程。相应地，能够保持跟踪的输入信号频率与压控振荡器频率的最大频差范围称为同步带（又称跟踪带），常用 $\Delta\omega_H$ 表示。

图 9-14 中，ω_{o0} 是未加控制电压时的 VCO 的振荡角频率。如果使锁相环路输入信号角频率 ω_i 由低频向高频方向缓慢变化，当 $\omega_i = \omega_a$ 时，环路进入锁定跟踪状态，如图 9-14a 所示。然后继续增加 ω_i，VCO 输出信号角频率跟踪输入信号角频率变化，直到 $\omega_i = \omega_b$ 时，环路开始失锁。如再将输入信号角频率 ω_i 由高频向低频方向缓慢变化，当 $\omega_i = \omega_b$ 时，环路并不发生锁定，而要使 ω_i 继续下降到 $\omega_i = \omega_c$ 时，环路才会再次进入锁定，如图 9-14b 所示，此后继续降低 ω_i，VCO 输出信号角频率又跟踪输入信号角频率变化，当 ω_i 下降到 $\omega_i = \omega_d$

时，环路又开始失锁。可见，$\omega_c \sim \omega_b$ 为同步带 $\Delta\omega_H$，$\omega_a \sim \omega_d$ 为捕捉带 $\Delta\omega_P$。一般来说，捕捉带与同步带不相等，捕捉带小于同步带。

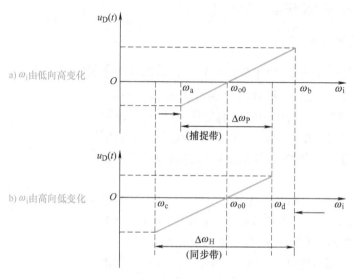

a) ω_i 由低向高变化

b) ω_i 由高向低变化

图 9-14 捕捉带与同步带

9.3.3 集成锁相环路

集成锁相环路的发展十分迅速，应用十分广泛。目前集成锁相环路已形成系列产品：由模拟电路构成的模拟锁相环路和由部分数字电路（主要是数字鉴相器）或全部数字电路（数字鉴相器、数字滤波器、数控振荡器）构成的数字锁相环路两大类。无论是模拟锁相环路还是数字锁相环路，按其用途可分为通用型和专用型两类。通用型是一种适应各种用途的锁相环路，其内部主要由鉴相器和压控振荡器两部分组成，有时还附有放大器和其他辅助电路，也有的用单独的集成鉴相器和集成压控振荡器连接成锁相环路。专用型是一种专为某种功能设计的锁相环路，例如，用于调频接收机中的调频多路立体声解调环路，用于通信和测量仪器中的频率合成器，用于电视机中的正交色差信号同步检波环路等。

无论是模拟锁相环路还是数字锁相环路，其 VCO 一般都采用射极耦合多谐振荡器或积分-施密特触发器型多谐振荡器，采用射极耦合多谐振荡器的振荡频率较高，而采用积分-施密特触发器型多谐振荡器的振荡频率较低。

在模拟锁相环路中，鉴相器基本上都采用由双差分对模拟相乘器构成的乘积型鉴相器，而数字鉴相器电路形式较多，它们都是由数字电路组成的。

下面介绍两种通用型集成锁相环路及其应用。

1. 通用型单片集成锁相环路 L562

L562 是工作频率可达 30MHz 的多功能单片集成锁相环路，它的内部除包含鉴相器 PD和压控振荡器 VCO 之外，还有三个放大器 A_1、A_2、A_3 和一个限幅器，其组成如图 9-15a 所示，引脚排列如图 9-15b 所示。

L562 鉴相器采用双差分对模拟相乘器电路，其输出端 13、14 外接阻容元件构成环路滤

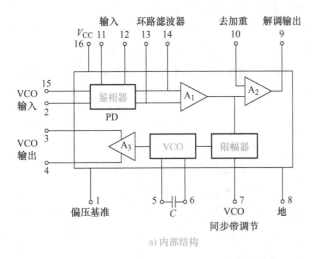

a) 内部结构   b) 引脚排列

图 9-15 L562 通用型集成锁相环路

波器。压控振荡器 VCO 采用射极耦合多谐振荡器电路，5、6 端外接定时电容 C。压控振荡器的等效电路如图 9-16 所示。V_1、V_2 管交叉耦合构成正反馈，其发射极分别接有受 $u_C(t)$ 控制的恒流源 I_{01} 和 I_{02}（通常 $I_{01} = I_{02} = I_0$），当 V_1 和 V_2 管交替导通和截止时，定时电容 C 由 I_{01} 和 I_{02} 交替充电，从而在 V_1、V_2 管的集电极负载上得到对称方波输出。振荡频率由 C 和 I_0 决定，即

$$f_0 = \frac{I_0}{4CU_D} = \frac{g_m u_C(t)}{4CU_D} = A_o u_C(t) \qquad (9\text{-}10)$$

式(9-10) 中，$I_0 = g_m u_C(t)$；g_m 为压控恒流源的跨导；U_D 为二极管 V_1、V_2 的正向压降，约等于 0.7V；$A_o = g_m/4CU_D$ 为压控振荡器的控制灵敏度。

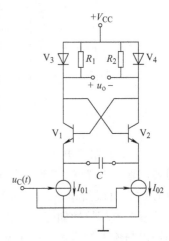

图 9-16 压控振荡器的等效电路

V_1、V_2 管集电极负载电阻都并联了二极管，使 V_1、V_2 管不进入饱和区，以提高振荡频率。此外，该电路控制特性线性好，振荡频率易于调整，故应用十分广泛。

图 9-15a 中限幅器用来限制锁相环路的直流增益，以控制环路同步带的大小。由 7 端注入的电流可以控制限幅器的限幅电平和直流增益，注入电流增加，VCO 的跟踪范围减小，当注入的电流超过 0.7mA 时，鉴相器输出的误差电压对压控振荡器的控制被截断，压控振荡器处于失控、自由振荡工作状态。环路中的放大器 A_1、A_2、A_3 作为隔离、缓冲放大之用。

L562 只需单电源供电，最大电源电压为 30V，一般可采用 +18V 电源供电，最大电流为 14mA，输入信号（11 与 12 端接入）电压最大值为 3V。

2. CMOS 集成锁相环路 CD4046

CD4046 是低频多功能单片集成锁相环路，它主要由数字电路构成，具有电源电压范围

宽、功耗低、输入阻抗高等优点。最高工作频率为 1MHz。

　　CD4046 的组成和引脚排列如图 9-17 所示。由图可见，CD4046 内含有两个鉴相器、一个压控振荡器和缓冲放大器、输入信号放大与整形电路、内部稳压器。

　　14 端为信号输入端，输入 0.1V 左右的小信号或方波，经 A_1 放大和整形，使之满足鉴相器所要求的方波。

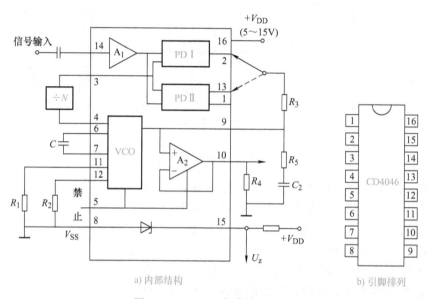

a) 内部结构　　　　　　　　　　　　　b) 引脚排列

图 9-17　CD4046 集成锁相环路

　　PD Ⅰ 鉴相器由异或门构成，它与大信号乘积型鉴相原理相同，具有三角形鉴相特性，但要求输入两个占空比均为 50% 的方波。无信号输入时，输出电压为 $V_{DD}/2$，用以确定 VCO 的自由振荡频率。PD Ⅱ 采用数字式鉴频鉴相器，由 14、3 端输入信号的上升沿控制，它的鉴频鉴相特性如图 9-11d 所示。这类鉴频鉴相器只对输入信号的上升沿起作用，所以它的输出与输入波形的占空比无关。由这类鉴相器构成的锁相环路，它的同步带和捕捉带与环路滤波器无关，为无限大，但实际上将受压控振荡器控制范围的限制。1 端是 PD Ⅱ 锁相指示输出，锁定时输出低电平脉冲。两个鉴相器中，可任选一个作为锁相环路的鉴相器。一般来说，若输入信号的信噪比及固有频差较小，则采用 PD Ⅰ；反之，若输入信号的信噪比较高，或捕捉时固有频差较大，则采用 PD Ⅱ。

　　VCO 采用 CMOS 数字型压控振荡器，6、7 端之间外接的电容 C 和 11 端外接的电阻 R_1，用来决定 VCO 振荡频率的范围，12 端外接电阻 R_2 可使 VCO 有一个频移。R_1 控制 VCO 的最高振荡频率，R_2 控制 VCO 的最低振荡频率，当 $R_2 = \infty$ 时，最低振荡频率为 0，无输入信号时，PD Ⅱ 将 VCO 调整到最低频率。

　　A_2 是缓冲输出级，它是一个跟随器，增益近似为 1，用作阻抗转换。5 端用来使锁相环路具有"禁止"功能，当 5 端接高电平"1"时，VCO 的电源被切断，VCO 停振；当 5 端接低电平"0"或接地时，VCO 工作。内部稳压器提供 5V 直流电压，从 15 端与 8 端之间引出，作为环路的基准电压，15 端需外接限流电阻。

　　在使用 CD4046 时应注意，输入信号不许大于 V_{DD}，也不许小于 V_{SS}，即使电源断开时，输入电流也不能超过 10mA；在使用中每一个引脚都需要有连接，所有无用引脚必须接到 V_{DD} 或者 V_{SS} 上，视哪个合适而定。器件的输出端不能对 V_{DD} 或 V_{SS} 短路，否则由于超过器件的最大功耗，会损坏 MOS 器件。V_{SS} 通常为 0V。

9.3.4 锁相环路的应用

锁相环路有许多独特的优点，所以应用十分广泛。下面先说明锁相环路的基本特性，然后通过几个具体例子说明如何利用锁相环路的基本特性实现某种特定的功能。

1. 锁相环路的基本特性

总结以上分析可知，锁相环路具有以下基本特性：

(1) 环路锁定后，没有频率误差 当锁相环路锁定时，压控振荡器的输出频率严格等于输入信号频率，只有不大的剩余相位误差。

(2) 频率跟踪特性 锁相环路锁定时，压控振荡器的输出频率能在一定范围内跟踪输入信号频率变化。

(3) 窄带滤波特性 锁相环路通过环路滤波器的作用后具有窄带滤波特性。当压控振荡器输出信号的频率锁定在输入信号频率上时，位于信号频率附近的频率分量，通过鉴相器变成低频信号而平移到零频率附近，这样，环路滤波器的低通作用对输入信号而言，就相当于一个高频带通滤波器，只要把环路滤波器的通频带做得比较窄，整个环路就具有很窄的带通特性。例如，可以在几十兆赫的频率上，做到几十赫的带宽，甚至更小。

2. 锁相鉴频电路

调频信号锁相解调电路（锁相鉴频电路）的组成如图 9-18 所示。当输入为调频信号时，环路锁定后，压控振荡器的振荡频率就能精确地跟踪输入调频信号的瞬时频率而变化，产生具有相同调制规律的调频信号。显然，只要压控振荡器的频率控制特性是线性的，压控振荡器的控制电压 $u_C(t)$ 就是输入调频信号的原调制信号，取出 $u_C(t)$，即实现了调频信号的解调。解调信号一般不从鉴相器输出端取出，因为这时解调电压信号中伴有较大的干扰和噪声。

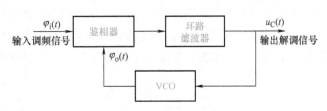

图 9-18　调频信号锁相解调电路的组成

为了实现不失真地解调，要求锁相环路的捕捉带必须大于输入调频信号的最大频偏，环路带宽必须大于输入调频信号中调制信号的频谱宽度。

分析证明，锁相鉴频电路可降低输入信噪比的门限值，有利于对弱信号的接收。

采用集成电路 L562 和外接电路组成的调频信号锁相解调电路如图 9-19 所示。输入调频信号 $u_i(t)$ 经耦合电容 C_1、C_2 以平衡方式加到鉴相器的一对输入端 11 和 12（若要单端输入，可将 11 端通过 C_1 接地，调频信号从 C_2 输入 12 端）。VCO 的输出电压从 3 端取出，经 $1k\Omega$ 电阻、C_3 电容以单端方式加到鉴相器输入端 2 端，而鉴相器另一输入端 15 经 $0.1\mu F$ 电容交流接地。从 1 端取出的稳定基准偏置电压经 $1k\Omega$ 电阻分别加到 2 端和 15 端，作为双差分对管的基极偏置电压。放大器 A_3 的输出端 4 外接 $12k\Omega$ 电阻到地，其上输出 VCO 电压，该电压是与输入调频信号有相同调制规律的调频信号。放大器 A_2 的输出端 9 外接 $15\text{k}\Omega$ 电阻到地，其上输出低频解调电压。7 端注入直流，用来调节环路的同步带。10 端外接去加重电容 C_4，提高解调电路的抗干扰性。

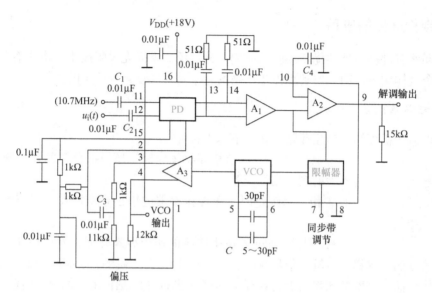

图 9-19　L562 构成的调频信号锁相解调电路

3. 调幅波的同步检波

采用锁相环路从所接收的信号中提取载波信号，可实现调幅波的同步检波。其电路组成如图 9-20 所示。图中，输入电压 $u_i(t)$ 为调幅信号或带有导频的单边带信号，环路滤波器的通频带很窄，使锁相环路锁定在调幅信号的载频上，这样压控振荡器就可以提供能跟踪调幅信号载波频率变化的同步信号。不过采用模拟鉴相器时，由于压控振荡器输出电压与输入已调信号的载波电压之间有 $\pi/2$ 的固定相移，为了使压控振荡器输出电压与输入已调信号的载波电压同相，压控振荡器输出电压必须经 $\pi/2$ 移相器加到同步检波器上。

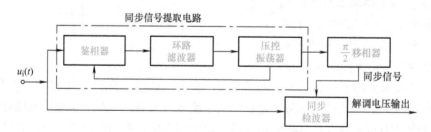

图 9-20　采用锁相环路的同步检波电路的组成

4. 锁相接收机

卫星或其他宇宙飞行器，由于离地面距离很远，同时受体积限制，发射功率又比较小，致使向地面发回的信号很微弱，又由于多普勒效应，频率漂移严重。在这种情况下，若采用普通接收机，势必要求它有足够的带宽，这样接收机的输出信噪比将严重下降而无法有效地检出有用信号。采用图 9-21 所示的锁相接收机，利用环路的窄带跟踪特性，就可十分有效地提高输出信噪比，获得满意的接收效果。

锁相接收机实际上是一个窄带跟踪环路，它比一般锁相环路多了一个混频器和一个中频放大器，由压控振荡器输出电压作为本振电压（频率为 ω_o），它与外加接收信号（频率为 ω_i）混频后，输出中频电压，经中频放大后加到

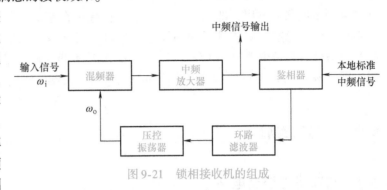

图 9-21　锁相接收机的组成

鉴相器与本地标准中频参考信号进行相位比较，在环路锁定时，加到鉴相器上的两个中频信号频率相等。当外界输入信号频率发生变化时，压控振荡器的频率也跟着变化，使中频信号频率自动维持在标准中频上不变。这样中频放大器的通频带就可以做得很窄，从而保证鉴相器输入端有足够的信噪比，提高了接收机的灵敏度。

9.4　自动功率控制电路

自动功率控制（APC）电路用于发射机。它是为了解决同一无线通信系统内多台发射机发射的射频信号在接收机内发生强信号抑制弱信号的问题而设计出来的。在移动通信等多址通信场合，基地台不同信道的接收机通常共用一副天线和高频放大器，来接收不同信道的移动台发射来的射频信号。由于不同信道的移动台的位置不同，其所发射来的射频信号经历的传输距离与信道条件也不同，造成不同信道的信号到达接收机后幅度相差很大。由于前置放大器晶体管的非线性，不同信道的射频信号在放大器中相互作用的结果会造成强信号干扰甚至抑制弱信号的情况。这样，当某移动台离基地台的距离比其他移动台近得多时，它所发射的射频信号到达基地台后比其他移动台发来的射频信号要强得多而抑制其他移动台的信号，即使其他移动台是在有效的通信距离内，这样就造成其他移动台不能正常通信。

解决这一问题的方案是采用功率控制。一种控制方案是由基地台根据接收到的某移动台发来的信号强度向该移动台发送功率控制指令，移动台根据该指令设定自己的发送功率。由于要求控制得比较准确，所以需要采用负反馈控制方案，如图 9-22 所示。这里，发射功率是控制环路的稳定目标，因此采用负反馈控制环路的输出。图中，功率放大器的输出功率与其直流偏置电流有关，调整该偏置电流即可调整功放的输出功率。若不加

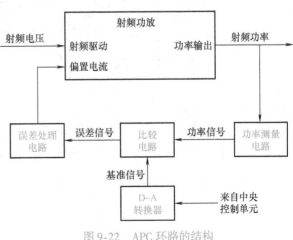

图 9-22　APC 环路的结构

负反馈而只用调整偏置电流的方法来控制功放的输出功率（这种方法叫开环控制），则会由于功放输出功率与偏置电流的关系不稳定而造成输出功率不稳定。加入负反馈以后，环路输出（功率测量电路的输出，即图中功率信号）将稳定在基准信号电平。因此，若该基准稳定，则功率信号稳定，功放输出功率稳定。同时，调整基准电平也就调整了功放的输出功率。基准信号通常是由 D-A 转换器产生，而 D-A 转换器的输入是中央控制单元发来的数字信号，因此该 APC 电路可由软件灵活调整射频功率放大器的输出功率。

9.5 仿真实训

9.5.1 自动增益控制电路

1. 仿真目的

1）掌握 AGC 工作原理，比较没有 AGC 和有 AGC 两种情况下输出电压的变化情况。

2）掌握 AGC 主放大器的增益控制原理，学会测量 AGC 的增益控制范围。

2. 仿真电路

打开 Multisim 软件，绘制如图 9-23 所示的自动增益控制电路，图中载波信号是 465kHz，调制信号是 12.5kHz，调制度为 0.5。运行电路，观察 AM 信号源波形和 $R_8 \sim R_9$ 间输出的检波后的波形，如图 9-24 所示。

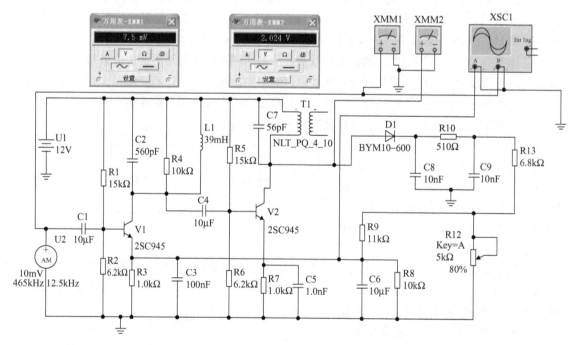

图 9-23　自动增益控制电路

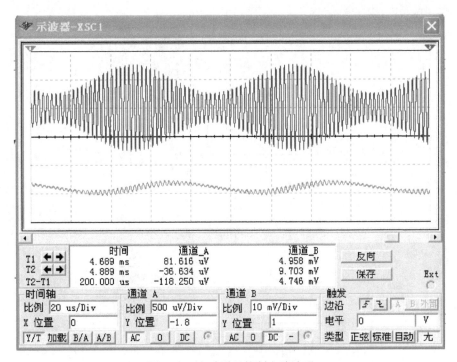

图9-24 自动增益控制电路波形

3. 测试内容

1）输入信号设定为10mV时，用万用表测量实际输入电压为7.5mV，输出电压（晶体管 V_2 集电极）为2.024V，放大倍数约270倍；加大输入信号电压到100mV时，此时测得实际输入信号电压为75mV，输出信号电压为5.985V，放大倍数约80倍。可见 AGC 电路起了作用，输入信号加大时放大倍数减小了。

2）测试电位器 R_{12} 的电阻变化对于自动增益控制电路的影响。

9.5.2 锁相环路

1. 仿真目的

1）掌握锁相环的锁相原理，了解用锁相环构成的调频波解调原理。

2）学习用集成锁相环构成的调频波信号产生电路。

2. 仿真电路

打开 Multisim 软件，绘制如图9-25所示的锁相环路产生调频波电路，图中载波为1V、10kHz，调制信号为12mV、1kHz。绘制图9-26所示的锁相环路解调调频波电路。

3. 测试内容

1）运行图9-25所示的锁相环路产生调频波电路，电路参数设置如图9-27所示，观察锁相环路产生调频波波形，如图9-28所示，上面为 B 通道输入调制信号，下面为 A 通道输出调频波。

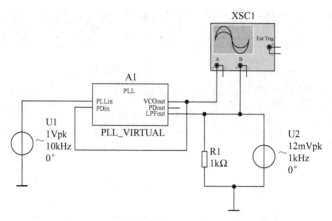

图 9-25　锁相环路产生调频波电路

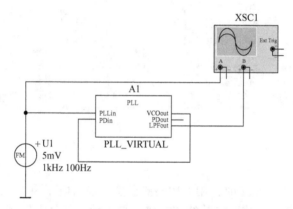

图 9-26　锁相环路解调调频波电路

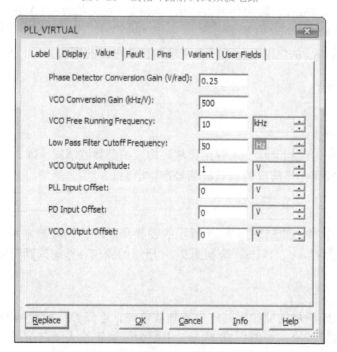

图 9-27　锁相环路产生调频波参数设置

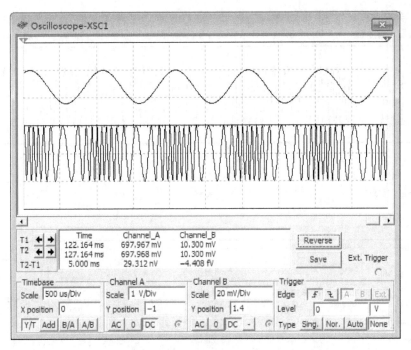

图 9-28 锁相环路产生调频波波形

2）运行图 9-26 所示的锁相环路解调调频波电路，电路参数设置如图 9-29 所示，观察锁相环路解调调频波波形，如图 9-30 所示，上面为 A 通道输入调频波，下面为 B 通道解调输出波形。

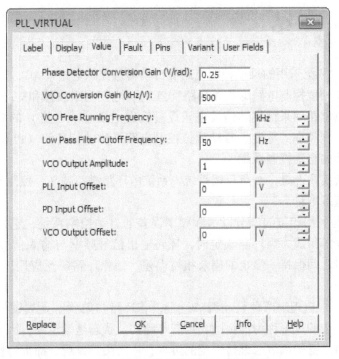

图 9-29 锁相环路解调调频波参数设置

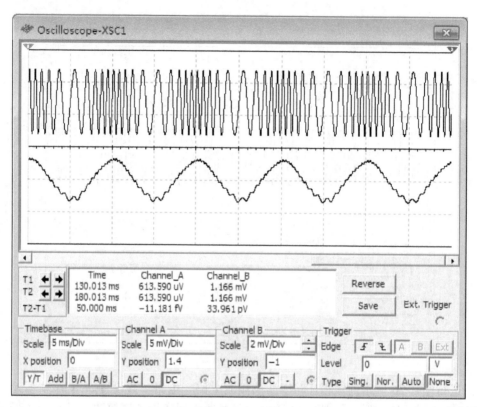

图 9-30　锁相环路解调调频波波形

小 结

1. 通信系统中广泛采用的反馈控制电路有自动增益控制电路（AGC）、自动频率控制电路（AFC）和自动相位控制电路即锁相环路（PLL），它们用来改善和提高整机的性能。

自动增益控制电路用来稳定通信及电子设备输出电压（或电流）的幅度。自动频率控制电路用于维持工作频率的稳定。自动相位控制电路又称锁相环路（PLL），是用于实现两个电信号相位同步的自动控制系统。

反馈控制系统实质上是一个负反馈系统，系统的环路增益越高，控制效果就越好，即被控参数的值越接近基准量。

2. 锁相环路是利用相位的调节以消除频率误差的自动控制系统，它由鉴相器、环路滤波器、压控振荡器等组成。当环路锁定时，环路输出信号频率与输入信号（参考信号）频率相等，但两信号之间保持一恒定的剩余相位误差。锁相环路广泛应用于滤波、频率合成、调制与解调等方面。

3. 在锁相环路中应理解两种自动调节过程，若环路初始状态是失锁的，通过自身的调节，由失锁进入锁定的过程称为捕捉过程；若环路初始状态是锁定的，因某种原因使频率发生变化，环路通过自身的调节来维持锁定的过程，称为跟踪过程。捕捉特性可用捕捉带来表示，跟踪特性可用同步带来表示。

4. 自动功率控制（APC）电路主要用于移动通信，它可以解决同一无线通信系统内多台发射机发射的射频信号发生强信号抑制弱信号的问题。

9.1 图 9-31 所示的锁相环路，已知鉴相器具有线性鉴相特性，试述用它实现调相信号解调的工作原理。

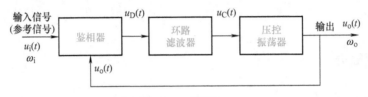

图 9-31 习题 9.1

9.2 锁相直接调频电路组成如图 9-32 所示。由于锁相环路为无频差的自动控制系统，具有精确的频率跟踪特性，故它有很高的中心频率稳定度。试分析该电路的工作原理。

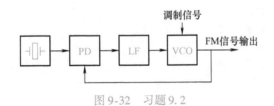

图 9-32 习题 9.2

第10章

综合实训项目教学案例

一、案例简介

(一) 案例名称

中波调幅收音机的制作与调试

(二) 案例特色与创新

1. 特色

将本门课程大部分知识点与技能点用一个综合实训项目来连贯，提高学生灵活运用知识的能力，培养学生的创新能力。

2. 创新

项目评价方式采用教师评价与学生评价相结合、小组评价与个人评价相结合的方式，既发挥学生个性，又体现团队协作精神。

(三) 案例应用与成效

1. 案例应用

本案例应用于高频电子线路课程教学，体现"学中做、做中学"的教学模式。

2. 案例成效

"学中做"完成基础知识的获得和单一技能的训练，"做中学"完成综合项目训练，"连点成线"，既巩固了专业课程的知识点和技能点，又提高了综合运用能力。

二、案例文本

(一) 案例背景

本案例经由企业工程师提议、审核，提炼企业岗位需求，与课程知识点和技能点相结合，确定综合实践项目内容，提升学生综合运用能力。

（二）案例内容与实施

1. 实训项目任务要求

1）了解分立元器件调幅收音机的整机结构、电路组成和工作原理。

2）掌握分立元器件收音机的电路安装、焊接和整机组装工艺。

3）掌握各级静态工作点的测试和调整方法。

4）掌握收音机的中频频率调整和整机统调的简易方法。

5）简单掌握收音机的故障诊断和排除。

2. 调幅收音机的电路组成

超外差式调幅收音机的电路组成框图如图 10-1 所示。从天线接收进来的高频信号首先进入输入调谐回路。输入调谐回路的任务有两个：一是通过天线收集电磁波，使之变为高频电流；二是选择信号。在众多的信号中，只有载波频率与输入调谐回路的谐振频率相同的信号才能进入收音机。

从输入调谐回路送来的调幅信号和本地振荡器产生的等幅信号一起送到变频级，经过变频级产生 465kHz 的中频信号，不论原来输入信号的频率是多少，经过变频以后都变成固定为 465kHz 的中频，然后再送到中频放大器（中放）继续放大，这是超外差式收音机的一个重要特点。

检波级也要完成两个任务：一是在尽可能减小失真的前提下把中频调幅信号还原成音频；二是将检波后的直流分量送回到中放级，控制中放级的增益（即放大量），使该级不致发生削波失真，通常称为自动增益控制电路，简称 AGC 电路。

低频前置放大级（低放）实现电压放大，然后再经过功率放大（功放）去推动扬声器还原成声音。

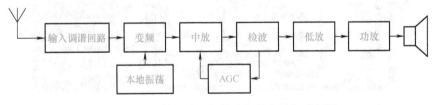

图 10-1　超外差式调幅收音机的电路组成框图

3. 收音机的安装与焊接

本次实训项目采用六管收音机套件，电路原理图如图 10-2 所示，由输入调谐回路及高放、混频级、一级中放、二级中放、前置低放兼检波级、低放级和功放级等组成，接收频率范围为 535～1605kHz 的中波段。

根据说明书，找到所需元器件，在图 10-3 所示印制电路板上正确安装、焊接。先安装低矮耐热的元器件，再安装大一些的元器件，推荐装配顺序为电阻→电容→中周→变压器→二极管和晶体管→磁心天线→扬声器→电源线。装配工艺注意事项：元器件排列整齐，电解电容、二极管方向不要接反。焊点有光泽，不虚焊、漏焊。实物安装图如图 10-4 所示。

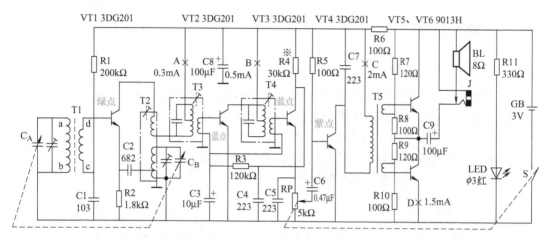

图 10-2 收音机电路原理图

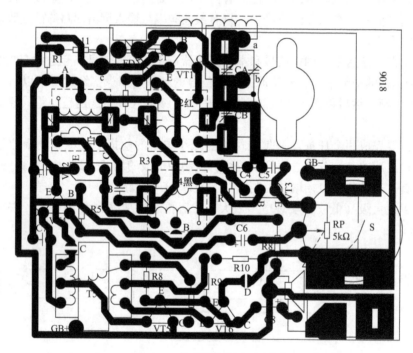

图 10-3 收音机印制电路板图

4. 收音机的调试

(1) 用万用表测量电流　测量过程如下：将电位器关掉，装上电池（用万用表的 50mA 档），表笔跨接在电位器的开关两端（黑表笔接电池负极，红表笔接开关的另一端）。若电流指示小于 10mA，则说明可以通电，将电位器开关打开（音量旋至最小即测量静态电流），用万用表分别依次测量 A、B、C、D 四个缺口的电流，即 VT_1、VT_2、VT_4、VT_5 和 VT_6 的集电极电流。若被测量的数字在规定的参考值（见表 10-1）左右即可用电烙铁将四个缺口依次连通，再把音量开到最大，调双联拨盘即可收到电台。

图 10-4 实物安装图

表 10-1 各级集电极参考电流

晶体管	VT$_1$	VT$_2$	VT$_4$	VT$_5$、VT$_6$
集电极电流/mA	0.3 ~ 0.6	0.4 ~ 0.6	2.0	4.5

（2）检查电路，排除故障　当测量值不在规定电流值范围时，请仔细检查晶体管的极性有没有装错，中周、输入变压器是否装错位置以及是否虚焊、错焊等。若测量哪一级电流不正常，则说明该级有问题。

（3）调中频　中频频率是否准确是决定超外差式收音机灵敏度和选择性的关键。

用收音机接收一套电台节目（最好是一套较弱的电台节目，以免 AGC 电路起控），用镊子将双联可变电容的振荡链 C_B 短路，如果扬声器发出的声音停止了，说明变频和本振都在工作。然后松开镊子，使扬声器恢复声音，再用螺钉旋具依次调节变压器 T$_4$、T$_3$ 及 T$_2$ 的磁心，一边调节，一边听声音的大小，反复调节几次，直到扬声器发出的声音最大为止。

（4）调整接收频率范围　调整接收频率范围是指调整收音机的接收频率范围，使其能覆盖相应波段的频率范围。

1）校准拨盘刻度线，低端对准 535kHz，高端对准 1605kHz。

2）在低频端 600 ~ 800kHz 之间，确定一电台，调整本振线圈的磁心，使声音最大。

3）在高频端 1400 ~ 1600kHz 之间，确定一个电台，调节本振回路的微调电容，使声音最大。

4）重复2）、3），通过反复调整校准接收频率范围。

（5）跟踪统调　对于超外差式收音机来说，只要调节双联可变电容，就可以使输入回路和本振回路的频率同时变化，从而使这两个回路的频率差保持在465kHz，这就是所谓的跟踪。

1）在低频端600～800kHz之间搜到一个电台，调节天线在磁棒上的位置，使音量最大。

2）在高频端1200～1400kHz之间搜到一个电台，调节输入选台回路的微调电容，使声音最大。

3）重复1）、2），反复调整几次可以达到统调要求。

5. 项目考核

按照教师评价与学生评价相结合、小组评价与个人评价相结合的原则进行评价，综合评分标准为：电路制作与调试占40%，答辩占30%，实训报告占20%，小组汇报占10%，平时缺勤采用扣分形式。其中小组汇报即为团队成绩。

（三）案例诠释

1. 综合实训项目与课程知识点、技能点的对应

综合实训项目是指本门课程结束前，要设计一个综合性的实训项目，该项目要把本门课程的技能点、知识点串联起来，即"连点成线"，通过"做中学"的教学模式，学生在完成综合实训项目训练的过程中，既巩固了专业课程的知识点和技能点，又提高了综合运用能力。本综合实训项目的子任务与课程知识点、技能点的对应关系见表10-2。

表10-2　综合实训项目与课程知识点、技能点的对应关系

课程知识点	课程技能点	项目子任务	真实项目
通信系统的组成	能理解通信系统的基本组成，能识别发射系统和接收系统的基本组成框图	超外差式收音机电路组成分析	
小信号谐振放大器	能正确选用小信号谐振放大器，计算放大倍数、通频带和选择性	高频放大、中频放大器安装与调试	
高频振荡器	能正确选用不同类型的振荡器，会判断振荡器的类别及振荡条件	本振电路安装与调试	综合项目：中波调幅收音机的制作与调试
混频电路	知道混频原理，能判别混频前后信号波形、频率的不同	混频电路安装与调试	
振幅解调	能识别包络检波和同步检波；知道如何避免包络检波产生失真	包络检波器安装与调试	
反馈控制电路	能理解自动增益控制电路的结构及工作原理	AGC电路的作用分析	

2. 项目的建议学时

8 学时。

3. 实施步骤

综合实训项目实施步骤见表 10-3。

表 10-3　综合实训项目实施步骤

步　骤	时　间	活　动　设　计	考　核　要　点
项目准备	2 学时	① 分组 ② 查询资料 ③ 电路原理分析（讲授、小组讨论） ④ 元器件检测	元器件检测数据记录
电路制作	2 学时	① 电路安装、焊接 ② 小组统计电路安装情况（组长负责） ③ 电路互检（组长电路由教师检查）	焊接工艺
电路调试	2 学时	① 电路调试 ② 小组统计电路调试情况（组长负责）	互检记录、电路调试能力
总结与评价	2 学时	① 编写实训报告 ② 小组汇报 ③ 综合评分（由教师课后完成）	实训报告是否规范、小组汇报

（四）案例评析

1. 案例小结

本案例在电子信息工程技术专业课程教学中反复应用，效果良好，通过"学做合一"的教学理念实施案例，既巩固了理论知识，又提高了学生的动手实践能力。

2. 案例反思

本案例只涵盖课程内容的 70% 左右，不能达到全覆盖；另外，项目实施过程中，由于课程学时少，个别学生调试做不到位，会影响教学效果。

参 考 文 献

[1] 周绍平. 高频电子技术 [M]. 大连：大连理工大学出版社，2014.

[2] 胡宴如. 高频电子线路 [M]. 北京：高等教育出版社，2010.

[3] 朱彩莲. Multisim 电子电路仿真教程 [M]. 西安：西安电子科技大学出版社，2012.